补脑长高吃什么

孩子的营养食谱

灯芯绒／著

北京科学技术出版社

目录

Chapter 4
保持体力、维持专注力的能量主食

Chapter 6
一口吃进全营养的"一锅出"

Chapter 5
增强体质、提升脑力的豆腐料理

特别说明：本书原料中出现的"辣椒""辣椒粉""辣椒油"都是为了调味，如果不吃辣，这些原料可以少放或不放。

1

Chapter

让身体长高的肉肉肉

优质蛋白质是长高的关键，肉类含有丰富的蛋白质，好好吃肉就是吃优质蛋白质。

【营养风味】

✿这道菜通过我几经调整，做出的牛肉鲜香适口，孩子大赞。做好的酱牛肉可以切片直接食用，也可以调汁蘸食，还可以当作煮面、炒菜、炖汤的配料，特别实用。

【诀窍重点】

1. 制作酱牛肉要选对牛肉的部位，牛腱子肉最适合卤制。

2. 肉选好后，先整块冲洗，去掉表面的脏物；然后切块，浸泡在清水中约半小时，去除污血、杂质。

3. 牛肉焯水时冷水下锅，这样才能充分去除血沫和异味。

4. 牛肉焯水后用冷水冲洗并浸泡，可以让肉质更紧实。

5. 水要一次加足，若是中途发现水少，应加开水。

6. 香料不必多而全，可以根据自己的口味喜好自由调整。

7. 在锅中放几个山楂干，可让牛肉熟得快，还可去除异味。

8. 盐要放得迟一些、少一些，避免太咸。

9. 煮制时间不宜过长，否则牛肉没有嚼劲，而且容易切碎，熟度以筷子能够轻松插透为准。

10. 经过冷藏的酱牛肉更容易切成完整的薄片。

酱牛肉　大受孩子好评的完美家庭版

原料

牛腱子肉	1000 克	桂皮	1 块	料酒	适量
葱白	3 段	香叶	2 片	盐	3 克
姜	4 片	山楂干	2 片	生抽	3 勺
八角	1 个	黄豆酱	3 勺	老抽	1 勺
草果	1 个	小茴香	1 小把	白糖	2 克

做法

1. 牛肉冲洗干净，切成块，用清水浸泡半小时，去除血水。

2. 牛肉冷水下锅，大火煮开，然后继续滚煮 5~10 分钟，充分去除血沫和异味。

3. 牛肉捞出用冷水冲洗干净，再用冷水浸泡 10 分钟，使肉质紧致。

4. 准备好葱段、姜片。将八角、草果、桂皮、香叶、小茴香、山楂干冲洗干净，再一起放入调味包中。

5. 葱段、姜片和调味包放入冷水锅中，大火煮开。

6. 锅里加入牛肉和料酒，再次大火煮开，然后添加生抽、老抽和黄豆酱。

7. 转中火慢炖半小时，再转小火继续慢炖半小时。

8. 添加盐、白糖调味，继续用小火慢炖 20 分钟左右。

9. 直至能用筷子轻松插透牛肉时，就可以关火了。

10. 从锅中捞出牛肉，放凉后，自然风干 2 小时。

11. 再次烧开锅中的卤汁，放入牛肉，用小火慢炖 20 分钟关火。晾凉后牛肉可直接切片食用，也可以在卤水中多浸泡几小时让它更入味，还可以捞出放入冰箱冷藏室保存。

12. 卤水过滤后放凉，收在干净的玻璃容器中，放入冰箱冷藏室密闭保存，可以反复使用，下次使用时只需添加水和部分香料。卤水若长时间不用，需要冷冻保存。

【营养风味】

✿这道干炸丸子，既可以直接吃，也可以蘸椒盐、番茄酱食用。吃剩下的可以放入冰箱冷藏，用于下次做菜。可以拿它做红烧丸子、茄汁丸子、焦熘丸子，还可以用来烩白菜、烩粉条。吃火锅、做炖菜、煮面时来上几个，提味增鲜。家里备上这么一盆干炸丸子，随便配上些其他食材，就能轻松搞定荤素搭配、滋味十足的一餐。

【诀窍重点】

1. 猪肉三分肥、七分瘦最合适，口味香而不腻。

2. 肉馅当中适量添加淀粉和鸡蛋，口感会格外嫩滑。

3. 葱、姜去腥提味必不可少，也可以把葱、姜提前泡水，然后取用葱姜水来调馅。

4. 调馅时，最好不要添加白糖和酱油，因为经过高温炸制，丸子的颜色容易发黑。

5. 肉馅里的干香菇可以用鲜香菇、莲藕、荸荠等替代，这样既能增加营养，又能提升口感。

6. 炸丸子的油要多倒一点，丸子做得多的话要分几次炸，一次下锅的丸子不要太多，否则不容易炸透，还影响口感。

7. 丸子下锅后切记不要马上搅动，否则易碎。等丸子定型后，用勺子沿一个方向在锅里推动。

干炸丸子 ｜ 做一次吃一周的"万能肉丸"

原料

猪肉	1000克	鸡蛋	2个	生抽	2勺
干香菇	30克	淀粉	2勺	香油	少许
姜	1块	料酒	适量		
大葱	1根	盐	3~5克		

做法

1. 干香菇冲洗干净，提前泡发。

2. 猪肉洗净，先切成小块，然后剁碎。

3. 大葱、姜切成细末。

4. 泡发好的香菇攥干水，剁成碎末。

5. 将以上剁好的原料放入盆中。

6. 添加鸡蛋、淀粉、料酒、盐、生抽和香油，搅拌均匀，制成肉馅。

7. 把肉馅团成等大的丸子。想要丸子团得好看，最好将肉馅在手掌间反复摔打几次。

8. 起油锅，待油七八成热的时候，下入丸子，中火炸制。

9. 待丸子炸至金黄色，捞出，控油，装盘。

香煎梅花肉 | 好吃、便捷的梅花肉做法

原料

梅花肉	500克	辣椒粉	2 勺
料酒	2 勺	孜然粒	2 勺
盐	1 勺	孜然粉	1 勺

【营养风味】

❀平常我家冰箱里总少不了这样一盒腌好的梅花肉。想吃的时候，随时取出肉片，平铺进锅里，正反面一煎，不过几分钟，一道肉菜就可上桌。它无须复杂技巧，肉好是关键；其次是调料，要简单纯粹；最后是煎制，火候要刚刚好。

【诀窍重点】

1. 肉可切大片，也可切小片，不影响口味。

2. 如果担心鲜肉不好切，可以先冷冻一下，这样更容易切得厚薄均匀。

3. 调味料无须多，以免掩盖肉香，若是用新鲜肉，料酒也可省略。

4. 孜然粒和孜然粉同时使用，效果更佳。

5. 一定要将肉片上的调料反复抓匀，这样才入味均匀。

6. 腌好的肉片放入冰箱冷藏 2 小时以上，味道更好。

7. 锅里的油烧热后，再下肉片，这样煎出的肉会更香。

8. 肉片下锅以后，迅速把肉片展平，这样才会受热均匀。

9. 肉片下锅以后用中火煎而不是翻炒。注意观察，肉片底面变色了马上翻面，另一面也变色了马上取出，这样肉的火候才刚刚好。

做法

1. 准备好腌肉的调料：料酒、盐、辣椒粉、孜然粒、孜然粉。

2. 梅花肉切成厚薄均匀的肉片。

3. 肉片中放入腌肉调料并抓匀，腌渍半小时以上。

4. 热锅下冷油，油烧热。

5. 下入腌好的肉片，一片片平铺开，中火煎制。

6. 底面变色后翻面，煎至另一面再次变色后，取出。

【营养风味】

❀用烤箱烤梅花肉，原料可以提前腌渍，烤的时候也不耽误工夫，可以从容做其他菜，省时省力还讨巧，大人孩子都喜欢。

【诀窍重点】

1. 做叉烧肉，选梅花肉口感最佳，烤好之后的叉烧肉香嫩不腻。若是用里脊肉代替，口感会发干。

2. 腌肉的时候，为了便于入味，可以用牙签在肉上多扎些眼儿出来。

3. 烤肉的时候，表面刷蜜汁水，可以减少肉内部的水分流失。

4. 最后出炉前的3~5分钟，再刷一次蜜汁水，能让烤出的叉烧肉光泽更好。

5. 将铺了锡纸的烤盘放在烤架下方，以便接住滴落的肉汁，方便清理。

蜜汁叉烧肉 | 梅花肉的又一经典吃法

原料

梅花肉	250克	红腐乳	1块	料酒	1勺
蒜	4瓣	红腐乳汁	2勺	蚝油	1勺
葱白	1段	酱油	2勺	五香粉	3克
姜	2片	白糖	40克	蜂蜜	2勺

做法

1. 将蒜剁成蒜蓉,葱白、姜切丝。葱丝、姜丝放入凉开水提前浸泡,制成葱姜水。

2. 将红腐乳、红腐乳汁、酱油、白糖、料酒、蚝油、五香粉、蒜蓉和葱姜水放入碗中,混合搅拌,制成叉烧酱。

3. 梅花肉洗净,擦干水,切成小块,放入密封盒。

4. 往密封盒里添加足够的叉烧酱,并搅拌均匀。

5. 盖上盒盖,在冰箱中密闭冷藏保存,腌渍半天至一天,中途翻面两次。

6. 将腌渍好的梅花肉取出,摆在烤架上,肉与肉之间要留出空隙。

7. 烤箱预热至220℃,把烤架放入烤箱中层烘烤。

8. 用蜂蜜和适量清水混合成蜜汁水。

9. 烤制的过程中,把肉从烤箱中取出2~3次,用毛刷蘸蜜汁水刷在叉烧肉表面,然后放回烤箱继续烤。

10. 大约烤40分钟左右,至肉熟透即可。

【营养风味】

❀番茄酱味道酸甜，不仅可以增进食欲，而且和新鲜西红柿相比，番茄酱里的营养成分更容易被人体吸收。此外，它营养也很丰富，除了番茄红素外，还含有B族维生素、膳食纤维、矿物质、蛋白质及天然果胶等。对于食欲不振、胃口差的孩子，妈妈们可以选用孩子喜欢的食材，尝试用番茄酱调味，做出各式开胃茄汁菜。

【诀窍重点】

1. 我做的这道菜口感偏软嫩，如果想吃口感焦脆的锅包肉，只用水和淀粉调糊即可，不要用鸡蛋。

2. 炸肉片的时候，不要把挂糊的肉片一次性全部下锅，要逐片投入锅中，这样肉片才能迅速受热，且受热均匀，能快速炸好。

3. 肉片复炸是为了"逼出"第一次油炸后肉片上残留的油脂，这样的肉片吃起来口感更爽脆、不油腻。

茄汁锅包肉 | 诱发食欲的开胃茄汁菜

原料

猪里脊肉	300克	姜	1块	米醋	适量
鸡蛋	1个	香菜	1棵	盐	适量
淀粉	适量	番茄酱	2勺	料酒	适量
葱白	1段	白糖	60克		

做法

1. 把猪里脊肉切成如图所示的 2 毫米厚的大片。

2. 盐和料酒拌匀，用来腌渍肉片，腌渍 10 分钟左右。

3. 白糖、米醋、盐、番茄酱加上清水和一点点淀粉，搅拌均匀，调成酱汁备用。

4. 将淀粉和鸡蛋液搅成面糊，面糊的稠度以肉片能均匀挂上一层糊，但又不是太厚为准。

5. 把腌好的肉片放入面糊中，搅拌均匀，要让每片肉都完全裹上面糊。

6. 葱白、姜切丝，香菜切段备用。

7. 起油锅，油烧至六七成热时，把均匀挂糊的肉片逐片下入锅中，切记不要一次全部下锅。

8. 炸至肉片外表挺实、颜色浅黄时，捞出放入碗中。

9. 待所有的肉片炸至定型后，把油温重新烧至八成热，然后把肉片放入锅中进行复炸，炸至表面金黄时，捞出沥油。

10. 锅内留底油，把葱丝、姜丝、香菜段炒香。

11. 下入第 3 步调好的酱汁。

12. 下入炸好的肉片，翻炒均匀后马上出锅，趁热食用。

【营养风味】

✿ 甜面酱用热油炒过，才能激发出特有的酱香，这个做法行话叫"飞酱"。我这道京酱肉丝就是先单独炒熟肉丝，再飞酱，然后把肉丝回锅，裹满酱汁，再将肉丝浇在切好的葱白上，趁热把肉丝、酱汁和葱白拌匀。这时候，酱、葱、肉的香味融合在一起，滋味妙不可言。

【诀窍重点】

1. 肉丝不要切太细。

2. 提前把肉稍微冷冻一下，更容易将肉丝切得均匀。

3. 炒酱时，温油就可以下酱，并且要用小火慢炒，不停搅拌，以免煳锅。

4. 甜面酱也可以不提前加料，直接煸炒，然后视情况添加料酒、白糖和水，起锅前再淋入香油，这样效果也不错。

京酱肉丝

咸甜适中，酱香浓郁，孩子爱吃

原料

猪里脊肉	500 克	甜面酱	4 勺	盐	适量
葱白	2 段	白糖	1 勺	生抽	适量
姜	1 块	香油	少许	豆腐皮	2 张
黄瓜	1 根	料酒	适量		

做法

1. 猪里脊肉切丝，肉丝用料酒、盐、生抽抓匀，并腌渍10分钟。

2. 葱白切丝，姜切末。把葱丝铺到盘子的底部备用。

3. 黄瓜切丝，然后放入小碟中备用。

4. 甜面酱放入碗中，添加白糖、香油和少许凉开水，搅拌均匀。

5. 起油锅，锅温热后，下入腌好的肉丝，滑炒至肉丝变色后盛出。

6. 利用锅内底油，爆香姜末，下入调好的甜面酱，小火不停划炒。

7. 炒至酱香味浓郁，锅内起泡时，下入肉丝。

8. 将锅内食材翻炒均匀，然后把炒好的肉丝铺在切好的葱丝上，吃时再拌匀。

9. 豆腐皮切方块，用热水焯一下，捞出放入盘中备用。

10. 京酱肉丝搭配黄瓜丝，用豆腐皮卷食，风味尤佳。

【营养风味】

✤ 酱棒骨最适合在自家餐桌上大快朵颐，可以不顾形象地彻底放开吃个痛快！做这道菜，酱料、香料和调味都可以自己拿捏掌控。只要肯用心，只要有耐心，自家的美食也能做出不输饭店的味道。

【诀窍重点】

1. 骨头炖制前一定要处理干净、彻底，一是焯烫的时候，多滚煮一会儿，充分去除血水和杂质。二是焯烫之后，用流动的热水把表面的杂质和浮沫冲洗干净。

2. 炒酱的时候一定要用小火，并且要不停划炒以免煳锅。

3. 炖骨头的水别添加太多，否则肉香会相对减弱，水添加至骨头一半的高度即可。

4. 可以用大块的猪脊骨或羊脊骨替代棒骨，甚至排骨、猪蹄、鸡、鸭都可以用这种方法烹饪，食材量少的话用砂锅效果更好。

浓香酱棒骨 | 霸气十足，解馋过瘾

原料

棒骨	1 对	八角	2 个	冰糖	1 块
黄豆酱	3 勺	香叶	4 片	料酒	适量
大葱	1 根	桂皮	1 块	老抽	适量
姜	1 块	干红辣椒	4 个	盐	适量
蒜	6 瓣	小茴香	1 小把		

做法

1. 棒骨剁成大块，放入热水中焯烫，水沸后继续滚煮 5 分钟，充分去除血沫和杂质。

2. 捞出棒骨，用热水冲洗掉表面的杂质和浮沫，沥干水备用。

3. 大葱切段，姜、蒜切片。起油锅，爆香葱段、姜片、蒜片及香料。

4. 下入黄豆酱，小火煸炒出香味。

5. 加入热水，热水量能大约没过骨头一半的高度即可，煮沸。

6. 下入焯好的棒骨，大火煮开。

7. 添加料酒和冰糖，视情况用少量老抽上色，加适量盐调味。

8. 盖上锅盖，转中火慢炖大约 1 个小时。

9. 炖至筷子能轻易插透肉，即可关火。

【营养风味】

✿ 时间紧张又想保证孩子饭菜的营养，就不得不提"预先准备"这一招了。只要提前做些准备，想10分钟吃上一道排骨大菜也能实现。这道香菇豆豉蒸排骨就是一道快手菜，只需把准备工作提前做好，烹饪时用高压锅一压，10分钟就可搞定。

【诀窍重点】

1. 用肋排滋味最佳。

2. 选用小一些的排骨块较好，一是易熟，二是方便入味。

3. 只用盐、白糖调味，肉香和菇香更纯粹。喜欢口味丰富的，也可以添加更多调味料。

4. 喜欢汤汁多点的，可以等泡发香菇的水沉淀后，加一些放入盛排骨的碗中，一起压制。

5. 香菇若是大朵的，撕成小块更容易入味。

香菇豆豉蒸排骨 | 快手排骨菜

原料

排骨	500克	姜	1块	盐	3克
干香菇	40克	蒜	3~5瓣	白糖	5克
大葱	1根	豆豉	2勺	料酒	1勺
小葱	1棵	淀粉	2勺		

做法

1. 干香菇冲洗后，用冷水泡发至软。

2. 排骨冲洗干净后，用冷水浸泡，水中加适量料酒去腥，去除血水。

3. 大葱、姜、蒜和豆豉切碎。

4. 起油锅，油热后，小火炒香葱、姜、蒜和豆豉碎，盛出。

5. 浸好的排骨沥干水，加淀粉、盐、白糖和料酒拌匀。

6. 再添加炒好的调味料拌匀，排骨用保鲜袋封好，放入冰箱冷藏。

7. 发好的香菇挤干水，铺在碗底。

8. 香菇上面铺上腌好的排骨。

9. 将碗放入高压锅，隔水压制。开大火，上汽后转中火继续压 5~8 分钟关火，自然排气后取出，拌匀，撒上小葱切成的葱花即可。

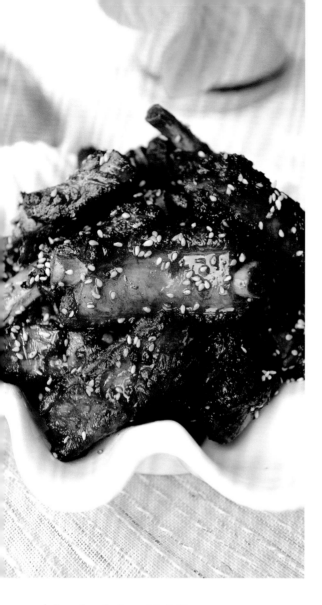

【营养风味】

❁糖醋菜是中国各大菜系都拥有的菜式。糖醋排骨是糖醋菜中具有代表性的一道传统菜，它选用新鲜猪排，肉质鲜嫩，成菜色泽红亮油润，口味香脆酸甜，深受大众喜爱，尤其受孩子们的欢迎。

【诀窍重点】

1. 排骨选用肋排最好，切成小段更容易入味。

2. 排骨入锅炸制的时候，一定要沥干汁水，否则易溅油。

3. 若担心油炸费油，用少量的油把排骨煎至表面紧致变色也可以。

4. 因为排骨炖过，所以炸的时候用大火，这样可以达到外酥里嫩的效果。

5. 冰糖和香醋要等马上出锅时再放，这样酸甜味道更浓郁。

6. 原料中给出的量仅作参考，糖醋比例依照个人的口味喜好酌情增减，可以边尝边添加。

7. 最后收汁的时候，一定不能离人，并且要不停地翻炒，避免煳锅。

芝麻糖醋排骨　｜冷食热食都好吃

原料

肋排…………500克	熟白芝麻…………适量	生抽…………2 勺
葱白…………1 段	盐…………适量	老抽…………1 勺
姜…………3 片	冰糖…………3 勺	香醋…………4 勺
八角…………2 个	料酒…………1 勺	

做法

1. 排骨洗净，剁成小块。

2. 排骨焯一下水，去除血水和浮沫。

3. 将焯好的排骨放入热水锅，添加葱段、姜片、八角和料酒，大火煮开后转中火炖制30分钟。

4. 排骨捞出，用料酒、生抽、老抽和香醋拌匀，腌渍入味。

5. 起油锅，油热后，下入腌制的排骨，大火炸至表面微黄，捞出控油。

6. 炸好的排骨放入锅中，添加半碗煮排骨的汤以及腌排骨剩下的腌料，煮开，用盐调味，大火收汁。

7. 收汁过半时，添加碎冰糖翻炒，要不停翻炒直至汤汁浓稠。

8. 起锅前烹入香醋，撒上熟白芝麻即可。

【营养风味】

❀ 纯正的土鸡，无须烹饪技巧，只用水和盐，就能烹出最自然的美味。有人喜欢把鸡身上的脂肪先取下来，然后炒成鸡油，我则喜欢直接炖煮。汤汁表面有一层厚厚的油脂，食用之前把油脂撇出来即可。用这种方法炖出来的鸡，汤鲜味美，香味更浓。

【诀窍重点】

1. 炖汤最好选用土鸡，土鸡炖出来的味道才足够鲜香。

2. 笋干必须提前浸泡至软，并且清洗换水，否则会太硬、太咸。

3. 用土鸡和笋干炖汤，只需用盐调味就足够鲜美，无须再额外添加其他调味料，以免破坏食材的本真味道。

4. 时间充裕的话，用砂锅来炖，味道会更鲜美醇香。

笋干炖鸡　　只用盐就能成就的美味

原料

土鸡	1 只	小葱	适量
笋干	100 克	盐	适量
姜	2 片		

做法

1. 土鸡去除内脏，清洗干净，沥干水备用。

2. 笋干最好提前泡发。笋干清洗后，用清水浸泡1~2天，中途换几次水，以去除大部分咸味。

3. 将浸泡好的笋干攥干，挤去水分，然后切成约3厘米长的段。

4. 整只鸡放入高压锅中，倒入适量的水，煮开。

5. 撇去表面的一层浮沫。

6. 加入2片姜以及处理好的笋干。

7. 盖上锅盖，大火煮开，之后转成中小火，继续炖制15分钟关火。

8. 高压锅自然排气后，打开锅盖。

9. 撇出表面的油脂，整只鸡用筷子拆散，然后用盐调味。

10. 撒上小葱切成的葱花，即可上桌。

【营养风味】

❋要想做出销魂的酸香味道，可不是随便把湿漉漉的酸菜往锅里一扔就行的。正确的做法是，将清洗攥干之后的酸菜放在热油锅里煸炒，炒到酸菜里的水分蒸发，酸味被热油和高温充分激发，一缕缕酸香直往你鼻孔里窜时，再下其他食材和热水，这时候烧出的酸汤才足够浓郁。

【诀窍重点】

1. 爆锅的时候，加点泡椒和泡姜，酸香味和辣味更浓郁。

2. 买来的酸菜直接用的话，酸味和咸味会太重；但若浸泡时间过长的话，酸味尽失，吃起来就没有滋味了。所以要掌握好浸泡时间，随时尝一下，根据自己的口味喜好，决定何时捞出酸菜。

3. 酸菜入锅之前，一定要攥干水，再经热油充分煸炒，才会散发出迷人的酸香味道。

酸汤鸡　酸香开胃，欲罢不能

原料

小公鸡··········1 只	蒜··········5 瓣	白糖··········适量
酸菜··········半棵	小葱··········1 棵	料酒··········适量
葱白··········1 段	干红辣椒··········3 个	白胡椒粉··········适量
姜··········1 块	盐··········适量	

做法

1. 酸菜冲洗干净，切碎。葱白切小段，姜切片，小葱切段。

2. 用水浸泡酸菜，不时尝一下，等到咸淡和酸味适中的时候，捞出攥干。

3. 鸡洗净，沥干水，剁成小块，焯一下水，待鸡肉全部变色，捞出沥干备用。

4. 起油锅，油热后，爆炒酸菜，炒至水干、酸香味飘出，盛出备用。

5. 锅内下薄油，爆香葱段、姜片、蒜和干红辣椒。

6. 下入鸡块大火爆炒，烹入料酒。

7. 炒至水干、鸡油出，下入炒好的酸菜，加入没过酸菜的热水，大火烧开。

8. 转中火炖煮，至鸡肉熟透，用盐、一点点白糖和白胡椒粉调味，继续炖 5 分钟。

9. 起锅前撒上小葱段即可。

【营养风味】

✿秋天，街上时不时会飘来糖炒板栗的香甜味道。其实板栗不仅可以直接吃，还可以用来当配菜。板栗炖鸡，就是一道很经典的滋补菜肴。板栗配鸡肉，补肾气、益脾胃，特别适合给孩子滋补肠胃。

【诀窍重点】

1. 借用"盐水浸泡法"来剥板栗，需要趁热剥，剥完一个，再从热水中取一个，这样内外皮都很容易去除。

2. 板栗提前用油煸炒（或油炸）比直接下锅炖煮更容易入味，口感也更软糯。

3. 若是用肉鸡的话，可以将鸡和处理好的板栗同时入锅，因为肉鸡易熟。

板栗炖鸡 ｜ 秋季最应景的滋补菜

原料

新鲜板栗	500克	八角	2个	白糖	适量
土鸡	1只	干红辣椒	3个	生抽	适量
大葱	1根	彩椒	适量	老抽	适量
姜	1块	料酒	适量		
蒜	5瓣	盐	适量		

做法

1. 用剪刀在板栗顶部逐个剪十字形开口。大葱切小段，姜、蒜切片。彩椒洗净，切小块。

2. 板栗放入锅中，倒入开水，水没过板栗即可，再添加少许盐。

3. 盖上锅盖焖5分钟。

4. 从锅中逐个取出板栗，逐个去壳、剥取板栗仁。

5. 土鸡洗净，沥干水，然后用刀剁成大块。

6. 鸡块用热水焯一下，去除血水和杂质。捞出后用热水冲洗干净，沥干水备用。

7. 起油锅，小火煸炒板栗仁，至变色后取出。

8. 利用锅内底油，爆香葱段、姜片、蒜片、八角和干红辣椒。

9. 炒出香味后，下入鸡块大火爆炒，烹入料酒。

10. 添加没过鸡块的热水，大火煮开，再转中火炖煮。

11. 炖至鸡肉七成熟时，加入板栗仁，添加盐、白糖、生抽调味，再倒入一点点老抽上色。

12. 炖至鸡肉和板栗熟透时，大火收汁，加入彩椒块翻炒均匀，即可出锅。

【营养风味】

❀寒冷的冬季，经常给孩子吃牛羊肉，不仅可以御寒，还可以有效补铁，使孩子有充沛的活力和强健的体能，来应对繁重的学习任务。

【诀窍重点】

1. 羊肉的品质不同，炖制时间也不一样，以炖至羊肉软烂为准。

2. 山药、胡萝卜不要和羊肉同时下锅，等羊肉基本炖熟再加入根茎类蔬菜，菜的口感和品相才好。

3. 山药去皮后要马上浸入水中，否则易氧化变色。

4. 我用的是草原羊肉，只用盐调味，味道就足够鲜美。若是用普通羊肉，可酌情添加其他调味料。

5. 羊腿肉可以用羊排、五花肉、猪排骨、牛腩、牛尾等替代。山药可以换成土豆，还可以添加西红柿、香芹、洋葱等蔬菜。

山药胡萝卜炖羊腿 | 冬季的御寒滋补菜

原料

羊腿肉···············1 条　　　姜················3~5 片
胡萝卜···············2 根　　　料酒················适量
铁棍山药·············2 根　　　盐··················适量
葱白···············2~3 段

做法

1. 羊腿肉处理干净，剁成大块。

2. 山药、胡萝卜洗净，去皮，切滚刀块。

3. 羊腿肉凉水入锅，大火煮开后，再继续滚煮 5 分钟，充分去除血水和杂质。

4. 捞出羊腿肉，用热水冲洗干净表面的浮沫，沥干水。

5. 羊腿肉重新入锅，倒入没过肉的热水，添加葱段、姜片，大火煮开。

6. 烹入料酒，转中火炖煮。

7. 羊肉七成熟的时候加入山药块和胡萝卜块，继续用中火炖煮。

8. 炖至锅内食材熟透时，用盐调味。

9. 继续用小火煨 5 分钟，关火。

2

Chapter

让大脑聪明的鱼虾贝

DHA 是"脑黄金"，吃海产食物是获取 DHA 的最佳途径。

【营养风味】

✿ 比目鱼的鱼身扁平，肉质细腻，很适合清蒸。比目鱼富含 DHA，而且肉多刺少，特别适合孩子食用。

【诀窍重点】

1. 清洗的时候，鱼腹内的积血一定要清除干净，否则腥味重。

2. 蒸鱼选用新鲜的鱼为佳，冷冻的鱼不适合清蒸，而适合采用红烧或者下重口味调味料的烹饪手法。

3. 蒸鱼要待水开后再下锅蒸，这样口感才鲜嫩。

4. 蒸鱼时间随鱼的大小、厚薄来定，小鱼蒸3~5分钟，中等大小的鱼蒸6~8分钟，稍大的鱼蒸10~12分钟。太大、太厚的鱼不适宜直接蒸，可以分割开或者片成鱼片再蒸。

清蒸比目鱼 | 鱼肉细腻，浇汁鲜美

原料

比目鱼	1 条	盐	适量	大葱	1 根
鲜红辣椒	2 个	白胡椒粉	适量	姜	1 块
料酒	适量	蒸鱼豉油	2 勺	香菜	1 棵

做法

1. 新鲜的比目鱼去鳞、去鳃、去内脏，清洗干净，沥干水。姜一部分切丝、一部分切片，大葱、香菜切段，红辣椒切丝备用。

2. 鱼身的正反面斜打一字花刀，这样鱼更容易入味。打花刀时，每隔2厘米斜切一下，不必切太深，可以触及鱼骨但不切断，否则高温加热后鱼易变形。

3. 用料酒、盐和白胡椒粉将鱼腌渍10分钟。

4. 在鱼盘的盘底铺上姜片和葱段。

5. 把腌好的鱼沥干水，平铺进鱼盘。

6. 坐锅烧水，水开后将鱼盘放到蒸屉上。

7. 大火蒸制6分钟关火，虚蒸2分钟再打开锅盖。

8. 倒掉鱼盘里的水，在鱼身上铺上姜丝、红辣椒丝和香菜段。

9. 热锅内倒入冷油，油热后，下入蒸鱼豉油和一点点热水烧开。

10. 将热汁浇淋在蒸好的鱼身上即可。

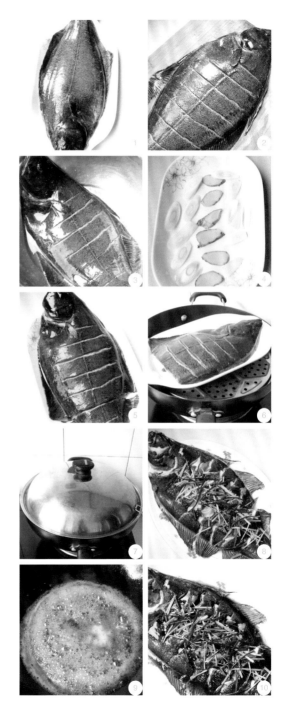

【营养风味】

❋ 对喜欢番茄酱的孩子来说，这道酸甜可口的茄汁鲅鱼绝对会让他大呼过瘾。

【诀窍重点】

1. 西红柿要选用熟透的，这样的西红柿才汁多味浓。想要口感完美，可以先把西红柿去皮。用开水烫或者用火烤，都可以轻松去除西红柿的外皮。

2. 新鲜的鲅鱼可以不煎，直接下锅，这样口感更加软嫩。冰鲜或冷冻过的鲅鱼在炖之前需要煎一下，这样鱼更容易定型，且味道不腥、更鲜香。

茄汁鲅鱼

酸甜可口，让孩子吃个过瘾

原料

鲅鱼	600克	番茄酱	1大勺	白糖	适量
西红柿	2个	料酒	适量	小葱	1棵
蒜	6瓣	白胡椒粉	适量		
姜	1块	盐	适量		

做法

1. 鲅鱼去鳃、去内脏，清洗干净，擦干鱼身表面的水，切成 1 厘米厚的鱼段。
2. 西红柿切块，蒜、姜切末，小葱切成葱花。
3. 热锅冷油，油热后，将鱼段平铺到锅里，大火煎制，煎到双面金黄，取出。
4. 利用锅内底油，爆香姜末、蒜末。
5. 下入西红柿块，翻炒均匀。
6. 下入煎好的鱼段，沿锅边烹入料酒。
7. 添加没过食材的热水，煮开，再添加番茄酱，转中火炖制。
8. 汤汁收至过半时，添加白胡椒粉、盐和一点点白糖调味，继续炖 10 分钟。
9. 大火收汁，烧至汤汁浓稠时关火，再撒点葱花即可。

【营养风味】

❀干烧黄花鱼时，添加适量五花肉，再用小火慢炖，这样鱼的鲜味里又融入了肉香，滋味美妙。

【诀窍重点】

1. 做鱼的时候，适量添加五花肉或者猪油，会让菜品的味道和口感大幅提升。

2. 想要煎鱼不碎，可以先把锅烧热，然后下冷油，油烧热以后再下入擦干水的鱼，直接用大火煎，这样鱼不容易粘锅，鱼的底面表皮高温受热后会迅速变硬，这时候再给鱼翻面，继续煎另一面。另外，鱼刚下锅时，不要着急翻动，否则容易使鱼皮破碎。

3. 炒豆瓣酱的时候，油要比平时多放一些，并用小火煸炒，让酱香充分释放。

干烧黄花鱼　| 有肉香的鱼，滋味更美妙

原料

黄花鱼	2 条	盐	适量	大葱	1 根
五花肉	150 克	高汤或清水	适量	姜	1 块
郫县豆瓣酱	1 大勺	白糖	适量	蒜	5 瓣

做法

1. 黄花鱼去鳞、去鳃、去内脏，清洗干净，用厨房专用纸擦干鱼表面的水，然后双面斜打一字花刀，以便鱼更好地入味。

2. 热锅冷油，油热后，下入鱼大火煎制，煎到双面金黄后取出。

3. 郫县豆瓣酱剁碎，大葱切小段，姜切丝，蒜拍扁备用。

4. 起油锅，小火煸炒五花肉，煸炒至肉色微黄，肉片微微卷曲即可。

5. 下入郫县豆瓣酱，小火炒出红油。

6. 下入葱段、姜丝、蒜瓣炒香。

7. 添加适量高汤（清水也可）煮开。

8. 放入煎好的鱼，再次煮开后，转中火炖制。

9. 炖制期间，不时用勺子舀汤汁浇淋在鱼身上，能让鱼更加入味。

10. 汤汁收至过半的时候，用盐和一点点白糖调味，继续炖5分钟；大火收汁至汤汁黏稠，即可出锅装盘。

酱油水煮小黄花鱼 简单、纯正、鲜美

原料

新鲜小黄花鱼	1000克	姜	1块	盐	适量
干红辣椒	4个	蒜	5瓣	酱油	适量
小葱	1~2棵	料酒	适量	白糖	适量

【营养风味】

✿酱油水，顾名思义，就是酱油和水。酱油水是闽南地区很常见、很受欢迎的一种烹饪海鲜的调料。用酱油水水煮是烹饪新鲜海鱼的极佳方法，尤其适用于较小的海鱼。只用上好的酱油和一点点白糖调味，就能够极大限度地保留海鲜的原味，让孩子更爱吃。

【诀窍重点】

1. 用酱油水煮鱼时，一定要选用新鲜的鱼。

2. 小鱼数量多，一条条擦干费时间，可以把清洗好的鱼放在漏网或漏盆里，沥水并晾干。带水下锅的话，会直接影响鱼的口感和味道。

3. 要用上好的酱油，好酱油才有好味道。

4. 鱼出锅的时候要有足够的汤汁，蘸了汤汁的鱼肉味道更鲜美。

做法

1. 新鲜小黄花鱼去鳃、去内脏，清洗干净，沥干水。小葱的葱白切段，葱叶切葱花。姜切丝，蒜切片。

2. 热锅冷油，油热后，小火爆香葱段、姜丝、蒜片和干红辣椒。

3. 烹入酱油煮沸，激发出酱香。

4. 添加热水煮开，热水的量能没过大半的鱼即可。

5. 把洗好的小黄花鱼平铺在锅中。小鱼很容易煮熟煮透，无须多添加水，水太多的话，会稀释鱼的鲜味。

6. 煮沸后，烹入料酒。

7. 用盐和一点点白糖调味（白糖用一点点即可，只为提鲜及调和诸味，以吃不出甜味为宜），继续滚煮5分钟。

8. 撒上葱花，即可出锅。

❋茄子喜油，用带鱼、五花肉，搭配长茄子一起蒸，味道意想不到的好，孩子也会倾心这样的口味搭配。

【诀窍重点】

1. 这道菜不仅仅可以选用新鲜的带鱼，其他种类的鲜鱼也可以。还可以用鱼干代替鲜鱼，味道也别具一格。

2. 五花肉可以用腊肉、咸火腿或者腊肠等替代；不吃肉的朋友可以省略五花肉，用一点猪油替代，能添润增香，属点睛之笔。

3. 茄子可以替换成白萝卜或青萝卜。

4. 做法上，也可以先把五花肉煸炒出香味，然后下茄子煸炒，最后添加鲜鱼或咸鱼炖制，效果也不错。

带鱼五花肉蒸茄子 | 孩子喜欢的新搭配

原料

长茄子…………3 根	姜…………1 块	料酒…………适量
新鲜带鱼…………1 条	小葱…………1 棵	鲜味酱油…………适量
五花肉…………100 克	盐…………适量	花生油…………适量
花椒…………15 粒	白胡椒粉…………少许	

做法

1. 新鲜带鱼去鳃、去鳍、去内脏，清洗干净后沥干水，切成小段，用盐和料酒腌10分钟。

2. 长茄子切成厚薄均匀的薄片，这样更容易蒸熟。

3. 五花肉切成厚薄均匀的薄片。

4. 在敞口碗的碗底先放入茄子片。

5. 把腌好的鱼段表面的水擦干，然后平铺在茄子片上方。

6. 最后把五花肉片平铺在最上层。

7. 姜切丝，在五花肉上撒一层姜丝，再添加一点花生油、1勺料酒和少许白胡椒粉。

8. 坐锅烧水，水开后将碗放入蒸屉，大火蒸制，蒸5分钟关火。

9. 虚蒸3分钟后打开锅盖，添加鲜味酱油，并根据自己的口味适量加盐。因为鲜味酱油也有咸度，口味淡的可以不加盐。

10. 另起油锅，冷油直接下花椒，用小火煸香花椒。

11. 小葱切成葱花，撒在肉片上。

12. 拣去花椒粒，把炸好的花椒油趁热浇在葱花上，吃时拌匀即可。

【营养风味】

✿ 五香带鱼是极受孩子喜欢的一道菜。带鱼很常见，做法又简单，味道鲜香醇厚，此菜绝对算得上一道老少皆宜的下饭菜。

【诀窍重点】

1. 煎鱼的时候，要用大火，能使鱼身表面迅速变黄，且使鱼肉保持软嫩。

2. 加白糖调味时，只需加一点点，以吃不出甜味为宜。因为白糖是用来增鲜及调和诸味的，无须多放。

3. 收汁时用大火，这样会很容易将汤汁收至黏稠，使汤汁能裹紧鱼身。

五香带鱼 老少皆宜的下饭菜

原料

带鱼中段	400 克	大葱	2 根	盐	适量
八角	1 个	姜	1 块	白糖	适量
香叶	2 片	蒜	5 瓣	五香粉	适量
干红辣椒	4 个	酱油	2 勺		
面粉	适量	料酒	适量		

做法

1. 带鱼清洗干净，斩头去尾取用中段，然后将鱼切成约 4 厘米长的鱼段，双面划上细密的一字花刀。

2. 鱼段表面蘸上一层干面粉，这样煎制时不容易粘锅，而且鱼身易煎黄，肉质不会变老。

3. 平底锅里下薄油，烧热，把鱼身上多余的干面粉抖一抖，然后下入鱼段，大火煎制。

4. 鱼段煎至双面金黄后，取出备用。

5. 葱白切段，葱叶切成葱花，姜、蒜切片。起油锅，小火煸香葱段、姜片、蒜片、干红辣椒和八角、香叶。

6. 下入酱油，爆出酱香。

7. 添加大约能没过鱼身一半的热水，烧开。带鱼很容易熟，无须久煮，所以水不宜加多。

8. 下入煎好的鱼段，大火烧开后，转中火炖制。

9. 烹入料酒，待汤汁收至过半时，用盐、一点点白糖、五香粉调味。

10. 继续炖 5 分钟，大火收浓汁，起锅前撒上葱花。

干煎带鱼 | 最简单的恰恰最美味

原料

带鱼中段·········500 克　　盐··················适量
小葱·············2 棵　　料酒················适量
姜·············1 块　　白胡椒粉············适量
面粉·············适量

【营养风味】

✿ 在所有的烹鱼方法中，干煎是最简捷的方法之一。就算是厨房新手，也能轻松搞定。新鲜的鱼只需用盐和料酒提前腌渍，然后小火煎到两面金黄即可。品味着那刚出锅的香酥的鱼皮和鲜嫩的鱼肉，一定会让孩子真正理解"最简单的其实最美味"的道理。

【诀窍重点】

1. 腌鱼的时候，可以根据自己的口味喜好，添加五香粉、辣椒粉、孜然粉、黑胡椒粉等调味料。

2. 煎鱼的时候，若想吃嫩口的，鱼煎到双面微黄就可以了；若想吃脆香的，可以适当延长煎制时间。

3. 干煎带鱼可以直接吃，也可以蘸椒盐或者番茄酱等自己喜欢的调味料食用。

做法

1. 带鱼洗净，斩头去尾取中段，切成均匀的小段。小葱切段，姜切丝。

2. 鱼段用盐、料酒、白胡椒粉、葱、姜拌匀，腌渍10分钟。

3. 拣去葱姜，给鱼段蘸上一层干面粉。

4. 热锅下冷油，把油烧热。

5. 锅内铺入蘸了干面粉的鱼段，中火煎制。

6. 鱼一面煎黄后翻面，继续煎至另一面金黄后，即可取出。

黑胡椒柠檬烤秋刀鱼 | 快捷烤箱菜

原料

| 秋刀鱼·············6 条 | 盐·············适量 | 橄榄油·············适量 |
| 柠檬·············1 个 | 黑胡椒·············适量 | |

【营养风味】

✱用烤箱做菜，最突出的优点是操作简单便捷，不仅可以使人远离油烟，而且菜品的味道与口感也丝毫不逊色。黑胡椒柠檬烤秋刀鱼，就是这样的一道烤箱菜。柠檬汁和黑胡椒附着在鱼肉上，在高温烘烤下散发出浓郁的香气，让孩子闻到就忍不住想流口水。

【诀窍重点】

1. 盐、黑胡椒和柠檬汁这三种调味料是最简单的，也可以根据自己的口味喜好，添加多种调味料。

2. 烤鱼、烤肉时，柠檬汁很常用，它除了可以去腥、提鲜和调味，还富含维生素C，对人体有益。

3. 烤制过程中，多刷几次油，效果会更好。

4. 烤制时间随鱼的大小和自家烤箱功率自由调整。

做法

1. 秋刀鱼去鳃、去内脏，清洗干净，沥干水。

2. 鱼的双面斜打一字花刀，柠檬切好备用。

3. 将鱼用盐、柠檬汁、现磨黑胡椒碎拌匀，腌渍10分钟。

4. 烤网刷层油，依次摆上腌好的鱼。

5. 将鱼放入预热好的烤箱，中层，上下火230℃，烤8分钟。

6. 取出鱼，双面刷上橄榄油，表面再撒上一层薄盐和现磨黑胡椒碎。

7. 继续放入烤箱烤制10分钟，中途翻面一次。

8. 取出鱼，滴上鲜柠檬汁即可。

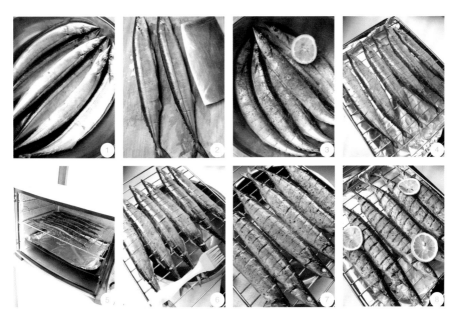

【营养风味】

✽ 新鲜的鲶鱼和茄子一块炖，鲶鱼肥而不腻，茄子鲜香味浓，荤素搭配，相得益彰。茄子吸收了鲶鱼的香，鲶鱼浸入了茄子的味，绝对是孩子爱吃的营养好味道。

【诀窍重点】

1. 鲶鱼表面的黏液很多，下锅之前一定要把黏液清除干净，否则会很腥。给鲶鱼去腥的方法，除了用加醋的水清洗外，还可以将鲶鱼提前焯水。

2. 豆瓣酱有一定的咸度，需酌情掌握盐的用量。

3. 鲶鱼本身所含的油脂很多，所以爆锅的时候要少用油。

4. 这道菜要把茄子炖得软烂才会更好吃。

鲶鱼炖茄子 掌握要点做出绝味儿下饭菜

原料

新鲜鲶鱼	2 条	郫县豆瓣酱	2 勺	香醋	适量
紫线茄子	6 根	花椒	1 小把	盐	适量
大葱	2 根	野山椒	7 个	白糖	适量
姜	1 块	香菜	1 棵	白胡椒粉	适量
蒜	5 瓣	料酒	适量		

做法

1. 新鲜鲶鱼去鳃、去鳍、去尾、去内脏，冲洗干净。

2. 水中放香醋，然后反复清洗鲶鱼表面的黏液，冲洗干净后，沥干水，把鱼剁成段。

3. 大葱的葱白切段，葱叶切成葱花，姜、蒜切片，香菜、野山椒和郫县豆瓣酱剁碎。

4. 起油锅，小火煸香葱段、姜片、蒜片、花椒和野山椒碎。

5. 下入郫县豆瓣酱，继续小火煸炒，直至炒出红油。

6. 下入切好的鱼段，沿锅边烹入料酒和香醋。

7. 锅内添加没过鱼段的热水，大火烧开。

8. 加一点点白糖调味。

9. 紫线茄子手撕成大块，放入锅内，和鲶鱼一起炖制。

10. 中火炖至茄子软烂。

11. 尝一下口味咸淡，用盐和白胡椒粉调味。

12. 大火收汁，起锅前加点葱花和香菜碎即可。

✿鳗鱼富含多种营养成分，滋补价值高，板栗也具有健脾胃、益气、补肾、强心的功用。海鳗和板栗合在一起红烧，色泽诱人，口味鲜甜香浓，是秋冬不可错过的一道给孩子的滋补暖身菜。

【诀窍重点】

1.原料提前经过油炸处理，一是可以缩短炖制时间，二是容易成型，三是滋味更加醇厚。

2.炸鱼的时候，锅里的油可以放多一些，宽油会让鱼很快被炸熟、炸透，而且上色快。油温太低的时候不要急着下原料，否则鱼易粘锅，而且吃油，影响油炸效果。油温烧至七八成热时，再把鱼下锅，鱼下锅以后很容易浮起。刚下锅的鱼不要马上翻动，否则易碎。

3.若担心油炸费油的话，可以用平底锅提前煎制鱼和板栗。

4.冰糖是用来调味提鲜的，同时可以让成菜颜色漂亮，因此不宜多放，以吃不出甜味为宜。

5.因为原料已经经过油炸处理，很容易炖熟，所以无须多加水。如果炖制时间太长，会影响菜的口味和品相。

板栗烧海鳗　秋冬不可错过的滋补暖身菜

原料

海鳗	500克	大葱	半根	生抽	适量
板栗	400克	姜	1块	冰糖	适量
干红辣椒	4个	料酒	适量		
八角	1个	盐	适量		

做法

1. 板栗洗净，用菜刀在其表皮上纵切一下。

2. 板栗放入锅中，倒入开水，水没过板栗即可，再添加少许盐。

3. 盖上锅盖焖5分钟。

4. 从锅中逐个取出板栗，逐个去壳、剥取板栗仁。

5. 海鳗去鳃、去内脏，洗净沥干，切成4厘米的长段，用厨房专用纸吸干表面的水。大葱切葱花、姜切丝、干红辣椒切段备用。

6. 锅内多放些油，油烧至七八成热后，下入鱼段，大火炸至鱼段的表皮微黄，捞出控油。

7. 利用锅内底油，继续把板栗仁下入锅中，炸制5分钟，捞出控油。

8. 另起油锅，油热后，爆香姜丝、八角、干红辣椒段和一部分葱花。

9. 下入刚才已过油的鱼段和板栗仁翻炒，再烹入适量料酒和生抽，添加一小块冰糖。

10. 锅内添加没过食材的热水，大火煮开，再转中火继续炖制。

11. 炖至收汁过半时，加入适量盐调味。

12. 继续炖至汤汁基本收干，撒上另一部分葱花即可出锅。

49

蒜仔烧鳝鱼　｜蒜香浓郁，营养美味

原料

鳝鱼	500 克	料酒	适量	水淀粉	适量
蒜	2 头	生抽	适量	香油	适量
姜	1 块	盐	适量		
青椒	2 个	白糖	适量		

【营养风味】

✿大蒜和鳝鱼算是经典搭配，鳝鱼肉嫩味鲜，营养价值高，富含DHA和卵磷脂。这样营养美味的鳝鱼再配上浓郁蒜香，想不好吃都难。

【诀窍重点】

1. 想要蒜香味道更浓郁，可以先把蒜瓣拍扁再用油煎。

2. 煎蒜瓣的时候用小火，火大容易把蒜煎煳，味道会发苦。

3. 青椒最后放入，可以保持清脆的口感和碧绿的颜色。

做法

1. 姜切丝，青椒用手掰成块备用。

2. 处理好的鳝鱼剁成小段，放入热水中焯一下，变色后马上捞出，沥干水。

3. 热锅冷油，油烧热后下入蒜瓣，小火煎制，把蒜瓣煎成金黄色。

4. 下入姜丝，煸炒出香味。

5. 下入焯好的鳝鱼段，大火翻炒。

6. 烹入料酒和生抽，用盐和少许白糖调味。

7. 下入青椒块，大火煸炒至软。

8. 淋上一点点水淀粉，翻炒均匀，出锅前加点香油。

蒜蓉烤虾 | 看起来很复杂，做起来超简单

原料

海虾·················6 只
橄榄油·················1 勺
大葱·················1 根
姜·················1 块

蒜·················7 瓣
盐·················适量
料酒·················适量

✿把调好的蒜蓉酱料铺在虾背上，放入烤箱高温烘烤。当浓郁的蒜香弥漫在空气中时，就已经是巨大的诱惑了，更不必说入口的美妙滋味。

【诀窍重点】

1.虾的具体烤制时间视虾的大小和自家烤箱的功率而定，虾肉变白就说明已熟透。

2.烤盘内铺上一张锡纸，烤后更容易清理。

做法

1 海虾用剪刀剪去虾枪和虾须，然后沿虾的脊背处剪开至虾尾，用牙签剔除虾线。

2 用刀把虾肉纵向切开，但不要全部切断，然后展开虾背，再横向拍一下虾肉。

3 用盐和料酒涂抹虾肉，腌渍10分钟。

4 把大葱、姜、蒜剁碎拌在一起，再添加1勺橄榄油，搅拌均匀。

5 烤盘上铺一张锡纸，将虾平展开，放在锡纸上，再将步骤4拌好的酱料均匀摊平在虾背上。

6 烤盘放入预热至200℃的烤箱，中层，上下火，烤约15分钟即可。

【营养风味】

❀蒜蓉虾，烤着好吃，蒸着也好吃。若是在虾下面铺一层粉丝，蒸好后，汁水正好把粉丝浸透、泡软，吃起来咸鲜软糯，带给人的满足感毫不逊色于虾。而且，这道菜技术含量低，即使是厨房新手，也能轻易成功。

【诀窍重点】

1. 粉丝不要泡得太软，不硬即可铺盘，否则入锅蒸制后，粉丝会在吸收汤汁后变得更软，甚至化为糊状。

2. 炒蒜蓉时一定要用小火，待颜色微黄即可下调味料，否则蒜蓉易煳且味道发苦。

3. 一半炒蒜蓉加上一半生蒜蓉做成的浇汁，味道最佳。

4. 大虾的虾枪很尖锐，吃时容易被伤到，最好提前剪掉。虾线也要去除，否则腥味重。用牙签在虾身第二节弯处插入、挑起，很容易就能取出整条虾线。

5. 粉丝入锅不必完全沥干水，否则蒸出的粉丝太干。

6. 蒸制时间要依虾的大小来定，但不可久蒸，否则虾的水分尽失，口感欠佳。

蒜蓉粉丝开背虾 厨房新手·也能轻易成功

原料

海虾	300 克	料酒	适量
蒜	1 头	蒸鱼豉油	适量
粉丝	50 克	白糖	适量
小葱	1 棵		

做法

1. 粉丝提前用温水泡软，小葱切成葱花。蒜拍扁后剁碎，取一半入油锅，用小火煸至微黄，香味飘出。
2. 锅内添加料酒、蒸鱼豉油和少许白糖，烧开。
3. 倒出烧好的蒜蓉汁，和另一半生蒜蓉混合。
4. 海虾剪去虾枪和虾须，用剪刀开背，挑去虾线。
5. 盘底平铺上泡软的粉丝。
6. 粉丝上面依次铺上开背后的虾。
7. 取调好的蒜蓉浇汁，浇在每一只虾的背上。然后入开水锅蒸，大火蒸6分钟关火。
8. 虚蒸2分钟后取出，在虾背上依次撒上葱花。
9. 烧一勺热油，趁热浇在葱花上，激发出葱香，即可上桌。

【营养风味】

✿ 在蒜和黑胡椒的
香味的衬托下，更
能显出虾肉的鲜
甜。这道菜香得能
让孩子吃到吮指。

【诀窍重点】

1. 虾经过提前腌
渍会更入味。

2. 现磨的黑胡椒
粒味道更浓郁，黑
胡椒分前后两次添
加，更能凸显黑胡
椒的香气。

3. 虾可以用鲜鱼、
梅花肉、鸡翅、鸡
腿等替代。还可
以做成烤箱版的，
味道可以选择原
味、盐焗、蒜蓉、
麻辣等。

黑胡椒吮指虾 ｜吃到吮指，孩子的最爱

原料

海虾…………………8 只		盐…………………适量	
姜…………………1 块		料酒…………………适量	
蒜…………………6 瓣		生抽…………………适量	
黑胡椒…………………适量			

做法

1. 海虾冲洗干净，剪去虾须和虾枪。虾背剪开，挑出虾线。姜切丝，蒜切片。
2. 将虾用盐、料酒、生抽和姜丝拌匀。
3. 撒上现磨的黑胡椒碎，腌渍 15 分钟。
4. 虾从碗中取出，料汁留用。用竹签逐个穿起腌好的虾。
5. 起油锅，放入蒜片，小火炸香。
6. 将腌好的虾平铺进锅，正反面煎至红色。
7. 淋入腌渍虾的料汁，中火烹制。
8. 待汁水基本收尽，再撒上一层现磨的黑胡椒碎。
9. 煎出香味即可出锅。

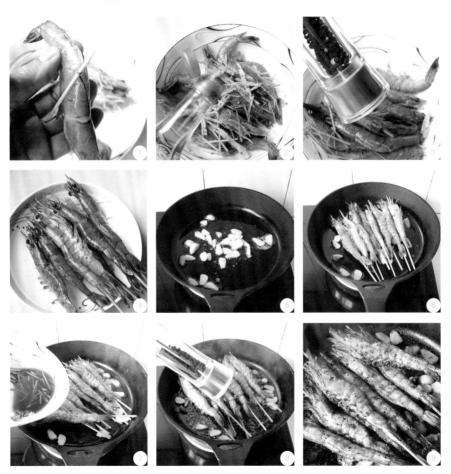

❀ 又要高颜值又要高营养的"双赢菜"，舍它取谁？做起来简单好上手，盛出来又艳光四射，要吸引孩子的眼球和味蕾，选这道油焖虾准没错。

【诀窍重点】

1. 虾平铺入锅，受热均匀，更容易熟透。大火煎制，时间短，不会让虾肉口感变硬。

2. 加入花雕酒后，盖上盖子煮一下，能很好地起到去腥提鲜和增加香气的作用。

3. 加入番茄酱，可以增色、助鲜，不喜欢这个味道也可以省略。

油焖虾

一道颜值营养齐高的快手菜

原料

海虾	400 克	番茄酱	2 勺
洋葱	半个	花雕酒	2 勺
姜	1 块	生抽	2 勺
蒜	4 瓣	白胡椒粉	适量

做法

1. 海虾洗净，沥干水，剪去虾须和虾枪，挑去虾线。
2. 蒜切片，洋葱和姜切丝备用。
3. 起油锅，油热后，把虾平铺到锅里，大火煎至双面变红后取出。
4. 利用锅内底油，爆香洋葱丝、姜丝和蒜片。
5. 下入煎好的虾，大火煸炒。
6. 烹入花雕酒。
7. 盖上锅盖煮 2~3 分钟。
8. 添加番茄酱翻炒均匀，加入生抽和白胡椒粉调味，加少量热水，大火煮开，转中火炖制 5 分钟。
9. 大火收汁至浓稠即可。

【营养风味】

❈ 这道菜食材易得，做法简单，营养美味，孩子爱吃。大白菜和高钙、高蛋白、富含DHA的海虾搭配，不止营养丰富，口味也咸鲜清甜，白菜吸足了虾的鲜，虾肉浸润了白菜的甜，令人回味无穷。

【诀窍重点】

1. 虾枪很尖锐，容易伤到孩子的手和嘴巴，所以要提前剪掉；虾枪多剪点，更有利于让虾脑流出；用牙签在虾身第二节弯处，插入，向上挑起，很容易挑出完整的虾线。

2. 用锅铲挤压虾头，使虾脑流出，虾脑经过热油的煸炒，颜色漂亮，味道鲜美。

3. 白菜叶子比白菜帮子炒出来味道更加鲜甜，而且出水少。追求完美口感的话，可以提前把白菜叶子单独炒软，盛出，最后加进煎好的虾里面，急火翻炒几下即可出锅。

白菜炒虾 | 营养和味道的完美搭配

原料

白菜叶子	4 片	葱白	1 段
海虾	6 只	姜	1 块
干红辣椒	4 个	料酒	适量
香菜	1 棵	盐	适量

做法

1. 海虾剪去虾枪和虾须，剔除虾线，用厨房专用纸吸干虾身表面的水。
2. 白菜叶子手撕成大块。手撕的菜叶出水少，而且味道比刀切的要好。
3. 姜切丝，葱白、香菜切段，干红辣椒切成小段。
4. 热锅冷油，待油热后，将虾平铺到锅里，中火煎制。
5. 煎至虾身变红，用铲子反复挤压虾头，炒出红色的虾油。
6. 把虾拨至一边，利用锅内底油爆香葱段、姜丝和干红辣椒段。
7. 下入菜叶大火翻炒，沿锅边烹入料酒。
8. 继续大火煸炒，至菜叶变软后，用盐调味。喜欢软烂口感的，可以稍微加点水，盖上锅盖焖一会儿。
9. 翻炒均匀，撒上香菜段即可出锅。

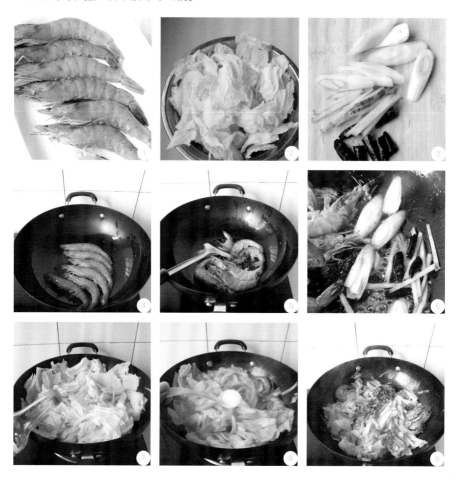

❀ 扇贝不止味道鲜美，而且营养价值很高，它富含蛋白质、维生素和DHA，对孩子的生长发育十分有益。

【诀窍重点】

1.煮扇贝的时候，待贝壳开口即可关火，无须久煮，以免失去鲜嫩的口感。

2.不喜欢加水淀粉的，最后一步可以省略。

3.这种食材组合，也可以做成汤，最后淋入鸡蛋液即可。

4.用尖椒、鸡蛋和扇贝肉搭配做小炒，也很不错。

黄瓜木耳炒扇贝 | 味道鲜美，口感鲜嫩

原料

新鲜扇贝	2 斤	姜	1 块	盐	适量
黄瓜	2 根	蒜	4 瓣	水淀粉	适量
黑木耳	1 小把	料酒	适量		
干红辣椒	4 个	生抽	适量		

做法

1. 黑木耳提前用水泡发，清洗，撕成小朵，用热水焯一下。
2. 扇贝壳用刷子清洗干净，沥干水。
3. 锅里无须加水，干煮扇贝，煮至贝壳开口即可关火。
4. 取出贝肉备用。
5. 黄瓜、姜、蒜切片，干红辣椒切段。
6. 起油锅，爆香姜片、蒜片和干红辣椒段。
7. 倒入黄瓜片翻炒几下。
8. 下入泡发的黑木耳和扇贝肉，继续大火翻炒。烹入料酒，用盐和生抽调味。
9. 淋入少量水淀粉，翻炒几下，待汤汁黏稠、包裹食材之后，即可盛出。

3

Chapter

提升免疫力的菜菜菜

维生素 C 是"免疫能手"，
人体所需的大部分维生素 C 都
来自蔬菜，而凉拌菜能在很大
程度上减少维生素 C 的流失。

炝拌圆白菜 | 学会炝拌，让孩子爱上吃菜

原料

圆白菜	1 个	盐	适量
姜	1 块	生抽	适量
蒜	2 瓣	白糖	适量
干红辣椒	8 个	香醋	适量

【营养风味】

✿做炝拌菜想要出彩，炝锅的"香油"最重要。葱、蒜、姜经常被用作炝锅原料，用热油把它们炸香，趁热浇在菜上，取其香味，拌出的菜肴味道即可提升不少，可谓点睛之笔。同样的方法还可以用来炸花椒油、辣椒油等，根据自己的口味喜好，选择其中一种或几种原料炝锅即可。我家孩子本来不喜欢吃圆白菜，但把它用姜、蒜、干红辣椒炝出的"香油"拌出来，立刻变得香辣适口，孩子也一改对圆白菜的偏见，忍不住大快朵颐。

【诀窍重点】

1. 圆白菜焯水时，水里添加一点盐和油，焯好的圆白菜颜色翠绿、口感好。

2. 焯好的蔬菜马上过凉开水，口感爽脆。

3. 凉拌之前的圆白菜一定要挤干水，这样调料才会充分入味。

4. 用热油炝出姜、蒜和干红辣椒的香味，然后趁热浇在圆白菜上，拌匀，风味最佳。

做法

1. 圆白菜洗净，控干，手撕成小片。

2. 将菜叶放入热水中焯一下。

3. 菜叶变色后马上捞出，过凉开水。

4. 菜叶攥干水，放入碗中。

5. 添加盐、生抽、白糖和香醋拌匀。

6. 干红辣椒切段、姜切丝、蒜剁成碎末。

7. 起油锅，爆香姜丝、蒜末和干红辣椒段。

8. 趁热浇在拌好的圆白菜上，吃时拌匀即可。

【营养风味】

❁ 用水煮之后的大白菜凉拌，和凉拌生白菜口感截然不同。白菜经过焯烫，口感绵软，更容易入味，再浇上最后炝锅的"香油"，鲜香四溢而不失大白菜本身的鲜甜，很值得尝试。

【诀窍重点】

1. 白菜叶子一定要全部焯熟，切忌半生不熟。

2. 焯好的白菜叶子马上过凉开水，这样口感才好。

3. 过凉开水后的白菜叶子要挤干水，再添加调味料，这样才会更加入味。

4. 步骤9不可省略，油炸干红辣椒再趁热泼到菜上是点睛之笔。若不吃辣，可以用炸花椒油来代替。

炝拌水煮白菜 家常小菜口感大升级

原料

白菜叶子	4~5 片	干红辣椒	4 个	白糖	适量
小葱	2 棵	盐	适量	香醋	适量
香菜	1 棵	生抽	适量	香油	少许

做法

1. 大白菜取用叶部，将菜叶手撕成小块。

2. 菜叶放入热水中焯一下，至菜叶全部变色、变软后捞出。

3. 菜叶迅速过凉开水，然后挤干水备用。

4. 菜叶中加入盐、生抽、白糖、香醋和少许香油拌匀。

5. 小葱和香菜切碎，干红辣椒切段。

6. 将葱花、香菜碎撒在拌好的菜叶上。

7. 起油锅，小火炸香干红辣椒段。

8. 将其趁热浇在拌好的菜叶上。

9. 拌匀即可食用。

【营养风味】

❀苤蓝富含维生素C、维生素 E 和膳食纤维。苤蓝非常适宜凉拌，它对于增强免疫功能，促进胃肠蠕动都有很好的效果。

【诀窍重点】

1. 苤蓝调味宜清淡，以免掩盖了苤蓝本身的清香。

2. 能吃辣的可以在最后加点辣椒油。

3. 腌渍后的苤蓝口感更加爽脆。

4. 苤蓝不宜炒得过熟，凉拌的效果最佳。

炝拌苤蓝 | 爽脆清香，凉拌最佳

原料

苤蓝	1 个	盐	适量
花椒	20 粒	白糖	适量
大葱	1 根	香醋	适量
干红辣椒	2 个		

做法

1. 苤蓝削去硬底和外皮。

2. 先切成薄片。

3. 再切成细丝。

4. 苤蓝丝加盐拌匀，腌渍 10 分钟。

5. 倒掉苤蓝"杀出"的水，并攥干腌渍后的苤蓝丝。

6. 大葱切丝，干红辣椒切圈，将二者撒在苤蓝丝上。

7. 锅里加花椒和油，小火烧至花椒出香味、油面开始冒烟。

8. 拣去花椒粒，将炸好的花椒油趁热浇在苤蓝丝上。

9. 加入白糖和香醋，拌匀即可。

【营养风味】

❀蔬菜中的维生素 C 是非常容易流失的营养素，它"怕热"又"怕金属"。所以，手掰菜可以说是最能保护营养素不流失的做法。黄瓜、白菜等脆嫩的蔬菜都适合用手掰。

【诀窍重点】

1. 油炸花生米要冷油直接下锅，小火慢炸，这样炸出的花生米才酥脆。

2. 白菜心加盐后很容易出水，先用油把菜拌匀，再调味，可以有效避免白菜心快速出水。

3. 这道菜在上桌前再调味，口味最佳。

手掰菜 | 更能保护营养素不流失

原料

大白菜心	半个	香菜	1 棵	生抽	适量
黄瓜	1 根	干红辣椒	2 个	陈醋	适量
花生米	50 克	盐	适量	香油	适量
青尖椒	2 个	白糖	适量		

做法

1. 冷油下入花生米，小火慢炸，待密集的噼啪声响过之后，捞出花生米，控油，放凉备用。

2. 黄瓜用擀面杖拍碎，香菜切段。

3. 将拍碎的黄瓜掰成小块。

4. 青尖椒去蒂、去籽，再掰成小块，与黄瓜块混合。

5. 大白菜心掰成小块，然后和黄瓜块、青尖椒块混合。

6. 起油锅，小火炸香干红辣椒，制成辣椒油。

7. 辣椒油趁热浇在混合好的蔬菜上。

8. 加盐、白糖、生抽、陈醋、香油调味，再加香菜段和凉透变脆的花生米。

9. 拌匀即可食用。

脆拌紫甘蓝 | 改变一小步，口感大提升

原料

紫甘蓝…………150克	盐……………适量
熟白芝麻…………适量	香醋……………适量
香油……………少许	白糖……………适量

【营养风味】

✿紫甘蓝的营养价值很高，吃法也很多样，可煮、可炒、可凉拌。但为了保留营养，还是生食最佳。

✿想让凉拌紫甘蓝保持脆嫩的口感，一定要提前用盐腌渍紫甘蓝，这样处理之后，它的口感会变得清脆爽口，味道也会有所提升。

【诀窍重点】

1. 紫甘蓝经过用盐揉搓、"杀水"这个步骤，口感会变得更加爽脆。

2. 紫甘蓝营养丰富，为了保留营养，生食最佳。

做法

1. 紫甘蓝洗净，切丝。

2. 加盐拌匀。

3. 用手揉搓均匀之后，腌渍10分钟。

4. 挤去"杀出"的水，添加香醋和白糖。

5. 添加少许香油拌匀。

6. 吃时撒上熟白芝麻即可。

凉拌双花 | 双花搭配，颜值更高，营养更好

原料

菜花	半个	盐	适量
西蓝花	半个	香油	适量

【营养风味】

❀西蓝花和菜花同属十字花科，富含维生素C，常食可增强人体的免疫力。把西蓝花和菜花混合在一起凉拌，清香爽口，尤其适合夏季食用，是适合孩子的开胃菜。

【诀窍重点】

1. 西蓝花和菜花用淡盐水浸泡，可以杀菌及有效去除农药残留。

2. 焯水时，水里面加点盐和油，焯后的蔬菜颜色和口感会更好。

3. 用水调制调味汁淋在菜上，比直接在菜上撒调料更入味，而且混合更均匀。

做法

1. 西蓝花和菜花冲洗干净，手掰成小朵。

2. 用淡盐水浸泡20分钟后，冲洗干净，沥干水。

3. 放入热水中焯烫片刻，变色后捞出过凉开水，再沥干水。

4. 凉开水中加盐，并加几滴香油制成调味汁。

5. 将调味汁浇在西蓝花和菜花上。

6. 拌匀即可。

【营养风味】

✿ 菠菜号称"营养模范生"，它富含类胡萝卜素、维生素C、维生素K等多种营养素。做法上，可炒、可拌、可做汤。凉拌的时候，配上自制的花生碎，简单家常，却别有一番风味。

【诀窍重点】

1. 炒花生米的时候一定要用小火，避免火急了，花生外面煳了而里面却不熟。

2. 花生米不要擀得太碎，并且要等到吃的时候再现撒，这样才能保持酥脆的口感。

3. 花生碎一次可以多做点，放入干净且密闭的容器中，随吃随取。

4. 菠菜清洗之后用淡盐水浸泡20分钟左右，可以有效去除农药残留。

5. 菠菜的根部很有营养，千万不要扔掉。

花生拌菠菜

简单家常味，"营养模范生"

原料

菠菜	250克	葱白	1段	白糖	适量
花生米	80克	干红辣椒	2个	生抽	适量
姜	1块	盐	适量	香醋	适量

做法

1. 将花生米倒入平底锅，小火干炒，待密集的噼啪声响过之后，取出晾凉。

2. 去掉花生衣，用擀面杖将花生米擀成碎粒。

3. 将菠菜择洗干净，放入热水中焯一下。待菠菜变色后马上捞出，浸入凉开水。

4. 将菠菜挤干水，切段。

5. 姜切末，葱白和干红辣椒切碎。

6. 将姜末撒在菠菜上。

7. 起油锅，小火煸炒葱碎和干红辣椒。

8. 炒出香味后，趁热浇在菜上，用盐、白糖、生抽和香醋调味。

9. 吃时撒上 1 小勺擀好的花生碎即可。

【营养风味】

❀香椿含有蛋白质、钙、磷、铁、胡萝卜素和维生素 C 等，具有清热开胃的作用。香椿和豆腐搭配，能给孩子提供蛋白质、钙质和维生素。

【诀窍重点】

1. 豆腐焯水一是可以去除豆腥味，二是不易碎。

2. 盐用水化开后再淋到菜上，入味更均匀。

3. 香椿芽提前用沸水焯烫，可以有效去除大部分硝酸盐和草酸，吃起来更健康。

4. 淋入调味汁后，静置 10 分钟再食用，更容易入味。

5. 此菜调味不宜复杂，这样才能凸显香椿和豆腐的原香。

香椿拌豆腐 | 蛋白质、钙质、维生素同补

原料

香椿芽	50克	盐	适量
卤水豆腐	250克	香油	适量

做法

1. 卤水豆腐切成小方块。

2. 豆腐在加了盐的热水中焯一下。

3. 待豆腐微微浮起时，捞出，沥干水，装盘。

4. 香椿芽掰开，洗净，在热水中焯一下。

5. 待叶子变绿、香味飘出时捞出，过凉开水，之后沥干水。

6. 把香椿切碎。

7. 把切碎的香椿放在豆腐上。

8. 用盐、香油和 2 勺凉开水，兑成调味汁。

9. 将调味汁淋在香椿和豆腐上即可。

【营养风味】

✿苦菊就像一个天然的营养素宝库，含有维生素 A、B 族维生素、维生素 C、维生素 E、胡萝卜素，它还富含钙、铁、锌等多种矿物质，在增强免疫功能、保护视力、促进发育等方面都有一定作用。

【诀窍重点】

1. 苦菊清洗之后一定要沥干水。

2. 用冷油炸花生米，花生米受热均匀，晾凉后口感香脆。

3. 油炸花生米的时候，待密集的噼啪响声过后，马上关火，避免把花生米炸煳了。

4. 此菜在上桌前再放调味料，一次少做些，现做现吃，否则花生米容易被泡软，影响口感。

老醋花生拌苦菊 | 天然的营养素宝库

原料

苦菊	100克	盐	适量
花生米	100克	白糖	适量
蒜	4 瓣	陈醋	适量

做法

1. 花生米冷油下锅，小火慢炸。

2. 待密集的噼啪声响过之后，捞出花生米控油。

3. 花生米在容器中摊开晾凉。

4. 苦菊去根，洗净，沥干，掰开。

5. 将苦菊切段。

6. 把苦菊和晾好的花生米混合。

7. 蒜切末，将蒜末、盐、白糖、陈醋混合兑成调味汁。

8. 将调味汁浇在苦菊和花生米上。

9. 将其拌匀即可。

蒜泥凉拌马齿苋 | 夏季的清热解毒菜

原料

马齿苋·············300 克 香醋·············1 勺
蒜·············半头 香油·············适量
生抽·············2 勺

【营养风味】

✿马齿苋是一种营养价值较高的野菜，富含维生素C、维生素 E 和胡萝卜素，对于孩子的视力发育、免疫力提升都非常有帮助。此外，马齿苋还有清热解毒的作用，能够有效地预防孩子的肠道疾病。

【诀窍重点】

1.焯烫马齿苋的时候可加些盐，这样菜的口感不黏。

2.焯烫之后的马齿苋马上过凉开水，可以保持清脆的口感。

3.凉拌之前需要把菜中的水攥干，这样凉拌之后才能入味。

4.口味重的人，可以在凉拌汁里适量加盐。

做法

1. 马齿苋去掉根部，清洗干净。

2. 马齿苋放入热水中焯烫至变色。

3. 捞出马齿苋，过凉开水。

4. 马齿苋挤干水，切段或切碎备用。

5. 蒜去皮后捣成蒜泥，再加入生抽、香醋和香油，调成蒜泥凉拌汁。

6. 把调好的蒜泥凉拌汁浇在马齿苋上，拌匀即可。

麻酱豇豆　　最适合夏天的豇豆吃法

原料

嫩豇豆	250克	盐	适量
芝麻酱	2勺	生抽	适量
蒜	3瓣	白糖	适量
香油	适量	辣椒油	少许

【营养风味】

✿ 夏天，新鲜豇豆正当季，特别适合凉拌。浇上自家调制的芝麻酱汁，清爽鲜香，最适合炎炎夏日食用。

【诀窍重点】

1. 豇豆要选择嫩的，捏起来芯实的为宜。

2. 豇豆焯水时，水里面加一点油，能让焯好的豇豆颜色翠绿喜人。

3. 豇豆焯水的时间不宜过长，变色断生即可，捞出后马上过凉开水，这样口感才脆。

4. 芝麻酱的用量可根据个人喜好酌情添加。

做法

1. 芝麻酱加香油、盐、生抽、白糖、辣椒油和少量温水调匀，制成芝麻酱汁。

2. 豇豆择好洗净，切段。

3. 将豇豆放入热水中焯烫，焯至断生。

4. 捞出豇豆，过凉开水，沥干水。

5. 将蒜拍扁后剁碎。

6. 把豇豆整齐地摆在盘子里。

7. 撒上蒜末。

8. 浇上调好的芝麻酱汁，吃时拌匀。

✿什锦大拌菜所用食材没有固定要求，可以放入任意自己喜欢的食材，搭配任意酱汁。红的、绿的、黄的、白的，色彩缤纷的食材凑在一起，营养也足够丰富。这样一份清淡爽口、好看好吃的凉拌菜，一上桌准保瞬间被孩子吃光。

【诀窍重点】

1. 什锦大拌菜的原料无定数，可以根据自己的喜好自由选择和搭配。

2. 不吃辣的家庭可以炸点花椒油热泼，喜清淡的可以只用香油或橄榄油拌制。

3. 拌菜的时候，不要把热的和凉的食材混合在一起，那样容易变味或串味，热的食材要等其浸凉或晾凉后，再和其他凉的食材混合，然后调味。这样做出的拌菜口味才能达到最佳。

什锦大拌菜 | 根据孩子的口味私人订制

原料

白菜心⋯⋯⋯⋯1/4 个	豆腐皮⋯⋯⋯⋯1 张	白糖⋯⋯⋯⋯适量
菠菜⋯⋯⋯⋯1 把	大葱⋯⋯⋯⋯1 根	生抽⋯⋯⋯⋯适量
海藻粉丝(或绿豆粉丝)⋯50 克	香菜⋯⋯⋯⋯1 棵	陈醋⋯⋯⋯⋯适量
胡萝卜⋯⋯⋯⋯半根	干红辣椒⋯⋯⋯⋯3 个	
鸡蛋⋯⋯⋯⋯2 个	盐⋯⋯⋯⋯适量	

做法

1. 平底锅内倒油烧热，倒入打散的鸡蛋液，在锅内将鸡蛋摊成两面金黄的薄薄的鸡蛋饼。

2. 鸡蛋饼在锅中晾凉后取出，切成细丝备用。

3. 海藻粉丝（绿豆粉丝也可）提前用温水泡发至无硬芯。

4. 白菜心切成细丝。

5. 胡萝卜切成细丝。

6. 豆腐皮切成细丝。

7. 将豆腐皮丝放入热水中焯一下，捞出沥干，晾凉。

8. 菠菜择洗干净，放入热水中焯至变色后捞出。迅速过凉开水，挤干水，切段备用。

9. 大葱和香菜切段备用。

10. 将以上所有原料混合，再添加盐、白糖、生抽和陈醋拌匀。

11. 干红辣椒切丝。起油锅，小火将干红辣椒丝炸出香味。

12. 将油和干红辣椒丝趁热浇在凉拌菜上，再次拌匀，装盘上桌。

4

Chapter

保持体力、
维持专注力的能量主食

体力、脑力的消耗多靠碳
水化合物补充，碳水化合物主
要就来自主食。

牛奶全麦馒头 | 有麦香有奶香，真的好吃

原料

全麦粉…………… 250克　　牛奶…………… 250克
面粉…………… 250克　　酵母…………… 4克

【营养风味】

❀全麦食品的好处，想必每个家长都知道，如何让孩子爱吃才是我们的必修课。不妨试试做牛奶全麦馒头，散发着麦香和奶香的全麦馒头，一定会让孩子爱吃到停不下来。

【诀窍重点】

1．如果全部用全麦粉蒸馒头，馒头的口感会粗糙些，适当加入面粉能改善馒头的口感。

2．馒头的蒸制时间要依馒头的大小而定。

3．停火以后不要马上揭开锅盖，要等3~5分钟后再打开锅盖，这样馒头出锅后不易回缩。

做法

1．用温牛奶（35摄氏度以下）化开酵母，静置3分钟。

2．添加全麦粉和面粉。

3．搅拌均匀后，揉成软硬适中的面团，盖上保鲜膜放在温暖处发酵。

4．待面团发酵至原来的2倍大小时，将面团取出，揉匀、排气。

5．将面团分割成等大的面剂，逐个揉圆，制成馒头坯，全部做好以后，盖上毛巾进行醒发。

6．醒发至馒头坯膨松、轻盈，在蒸锅中倒入适量冷水，将馒头坯放入蒸屉，大火蒸制，上汽后继续蒸15分钟左右，关火后虚蒸3分钟再打开锅盖。

【营养风味】

✿紫薯营养丰富，尤其对改善视力有好处。如果孩子的眼睛经常感到疲劳，家长可以尝试给孩子做一些紫薯。做好的紫薯葱油卷，柔软暄腾，配上椒盐和孜然，越嚼越香。早餐拿它做主食，大人孩子都百吃不厌。

【诀窍重点】

1. 若没有葱油，也可以用自己喜欢的其他食用油，但不如葱油做得香。

2. 因为添加了紫薯，所以要酌情控制制作面团时水的用量。

3. 面食蒸制，冷、热水下锅均可。具体蒸制时间根据面坯的实际大小决定，蒸制时间一定要充足。蒸好以后不要马上打开锅盖，关火后虚蒸 3~5分钟后再打开锅盖。

4. 紫薯可以换成红薯、南瓜，也可以在面粉中添加少量杂粮粉，杂粮粉以不超过粉类总量的 $\frac{1}{3}$ 为宜。椒盐、孜然可以用黑胡椒粉、五香粉、辣椒粉、咖喱粉等替代，还可以用葱花、火腿、肉末或肉松等做花卷。

紫薯葱油卷 | 一家老小都爱的早餐主食

原料

面粉	500 克	椒盐	适量
酵母	5 克	孜然粗粉	适量
紫薯泥	200 克	水（含少许温水）	适量
自制葱油	适量		

做法

1. 紫薯蒸熟，去皮后捣成泥。

2. 酵母用少许温水（35摄氏度以下）稀释，然后静置2分钟。

3. 在静置好的酵母水中添加面粉和紫薯泥。

4. 适量添加水，将其揉成软硬适中的光滑面团。不同紫薯的含水量不同，所以先少量添加水，一点点加，以揉出的面团不粘手为宜。

5. 面团盖上湿布或保鲜膜发酵，至面团膨胀到原来的2倍大小时，取出揉匀。

6. 将面团擀成近似长方形的面片，倒上适量葱油。

7. 把葱油均匀地涂抹开，然后均匀地撒上一层椒盐和孜然粗粉。

8. 自面片的窄边开始，将其紧实地卷起来，捏紧收口处。

9. 将面团分割成均匀的小段，每两段上下叠加在一起，再用筷子从中间压一下，使两边向上翻卷。

10. 捏住面坯两头，将其略抻长，再对折捏合，做成花卷状，盖上湿布进行醒发。醒发至面坯膨松、轻盈，入锅蒸制，上汽后转中火继续蒸15分钟后关火，虚蒸5分钟后再打开锅盖。

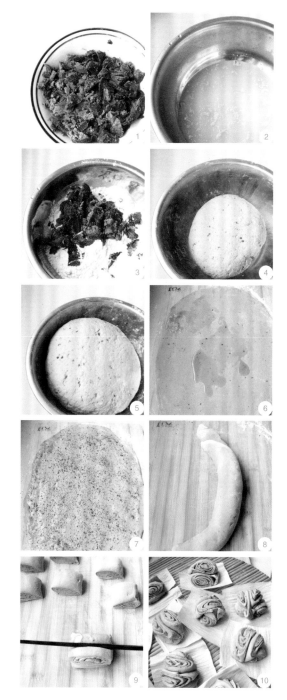

【营养风味】

❀ 肉龙，也叫懒龙。是一种传统的发面食品。咬一口，有面，有肉，暄腾腾，香喷喷。不用配菜，也能吃得满足。不过若是能配上一碗粥，或者一碗西红柿汤，那就再完美不过了。

【诀窍重点】

1. 选用肥瘦比例3：7的猪肉，口感会更香、更润。

2. 剁肉馅和搅拌肉馅时，可以少量多次地添加水，但要注意加水不要太多，若是肉馅太稀的话，会影响面皮的膨松程度。

3. 铺好肉馅、卷起面皮的时候，一定要卷得紧些，否则蒸出来的肉龙松松散散，肉馅与面皮是分离的。

肉龙　| 孩子也爱吃的经典面食

原料

面粉	500克	大葱	1根	酱油	2~3勺
酵母	4克	姜	1块	料酒	适量
水(含少许温水)	250克	花生油	适量	白胡椒粉	少许
猪肉	250克	盐	适量		

做法

1. 酵母用少许温水（35 摄氏度以下）稀释，静置 3 分钟，然后添加面粉，一边加水，一边用筷子搅成面絮状，最后揉成光滑的面团，盖上保鲜膜发酵。

2. 猪肉洗净，先切成小丁，再剁成肉馅，剁馅的过程中，可以分次适量添加少量水，让肉馅不粘刀就行。

3. 大葱、姜切碎，再把葱碎、姜末加到猪肉中。

4. 添加油、盐、酱油、料酒和白胡椒粉，顺时针搅打成上劲的肉馅。

5. 待面团发酵至原来的 2 倍大小时，取出。

6. 将面团揉匀，排气，然后将其整形成橄榄形。

7. 再用擀面杖将面团擀成厚薄均匀的长方形面片。

8. 将面片均匀涂抹上一层肉馅。

9. 从面片的窄边开始，将其紧实地卷起来。

10. 捏紧收口处。

11. 蒸屉上刷层薄油，把卷好的肉龙直接放进蒸屉，进行醒发。

12. 看到生面坯明显变膨松时，开火，大火蒸制，上汽后转中火继续蒸制 25 分钟后关火，虚蒸 5 分钟后打开锅盖，稍微晾凉下，用利刀分割切段。

【营养风味】

✿ 亲手炒豆沙馅、和面、发酵、包馅、蒸制，这样的纯手工豆沙包，孩子吃得开心，妈妈当然也更安心。

【诀窍重点】

1. 豆沙馅料里白糖的添加量可随个人喜好酌情增减。

2. 煮好的豆子可以用料理机打碎，如果追求细致口感的话可以将豆沙过筛。

3. 若是做好的豆沙软硬度正好，则可以不炒，直接用手团成团。

4. 炒豆沙的时候，可以根据个人喜好，适量添加油、白糖等原料。

5. 包豆沙的面皮不要擀得太薄，否则蒸制的时候面皮不易膨松。

全手工豆沙包 | 妈妈亲手做，孩子放心吃

原料

面粉	500 克	酵母	4 克
鸡蛋	3 个	花豆（或红豆）	1000 克
白糖	100 克	水（含少许温水）	100 克

做法

1. 花豆洗净，用冷水浸泡半天。浸泡后，再次将花豆冲洗干净，放入锅中，添加没过花豆的水（配方分量外），大火煮开，然后转中火煮至豆子绵软。

2. 在煮好的豆子里添加白糖，并用称手的工具(比如捣蒜锤)把豆子捣烂。

3. 起油锅，开中火翻炒，炒至豆沙软硬适度。

4. 炒好的豆沙晾至凉透，然后攥成圆球状待用。

5. 酵母放入盆中，用少许温水（35摄氏度以下）稀释开，并静置3分钟。

6. 在静置好的酵母水中打入鸡蛋，搅拌均匀。

7. 添加面粉，一边加水，一边用筷子搅成湿面絮。

8. 将湿面絮揉成光滑的面团，盖上保鲜膜，放在温暖处发酵。

9. 面团发酵至原来的2倍大小，取出揉匀、排气。

10. 将面团分割成等大的面剂，擀成圆形的厚面皮。

11. 面皮内一一包入团好的豆沙馅，收口捏紧，向下放置。包好的豆沙包盖上湿布，进行醒发，至膨松、轻盈。

12. 蒸屉里垫上玉米皮，豆沙包放在玉米皮上，开大火蒸制，上汽后转中火继续蒸12分钟后关火，虚蒸5分钟后打开锅盖。

【营养风味】

❀这款鲜肉小饼，很适合当作早餐主食。晚上临睡前，可以把面团和肉馅准备好，粥用电饭煲提前预约好。早上起来先把粥盛出，晾着，然后取出面团，调好馅，擀卷入锅，煎制，10~20分钟就能顺利搞定。

【诀窍重点】

1. 肉馅中如果有一定比例的肥肉，口味会更香醇。

2. 刚和好的面团不能马上用，需要盖上湿布醒一段时间，这样面团会变得柔软细腻，而且有一定的延展性。

3. 用热水和面，需要把面团的热气散尽，蘸凉水掫面就是一个散热气的好方法，否则成品的口感粘牙。

4. 将面团按压成小饼的时候，轻轻按压就行，不要太用力，以防将肉馅挤出。

5. 若是肉饼太厚，担心内部不熟，可以在饼身两面煎黄以后，往锅里加少量热水，盖上锅盖继续烙制，等到锅内吱吱响的时候，打开锅盖，把肉饼的两面重新煎脆就行。

鲜肉小饼

看了怦然心动，吃了念念不忘

原料

面粉	400克	小葱	1棵	盐	适量
开水	200克	姜	15克	白胡椒粉	适量
凉水	25克	料酒	适量	老抽	适量
猪肉	300克	生抽	适量	香油	适量

做法

1. 面粉中少量多次地加入开水，一边添加一边用筷子搅成湿面絮。

2. 当湿面絮晾到不烫手的时候，蘸凉水搋面（手握拳，蘸水，摁压面团），最后揉成光滑的面团，盖上保鲜膜静置。

3. 猪肉（肥瘦比例 3 ∶ 7 为宜）先切成小丁，然后剁成肉碎，不必剁得太过细腻，有颗粒的口感更好。小葱、姜切末备用。

4. 在剁好的猪肉中加入姜末、白胡椒粉、盐、老抽、生抽、料酒和适量水，搅打上劲。

5. 最后再添加一点香油和葱碎，一起搅拌均匀。

6. 把醒好的面团取出，揉匀，擀成厚薄均匀的长方形面皮。

7. 把调好的肉馅均匀涂抹在面皮上，分成 4 行，中间留有空白。

8. 然后用刀沿空白处竖着划开面皮。

9. 自短边起，把涂抹了肉馅的面皮紧实地卷起来。

10. 两边捏紧收口，翻卷到下方。

11. 静置 10 分钟，然后用手掌均匀用力，将其按压成小圆饼。

12. 平底锅里面倒少许油，烧热，把饼坯平铺到锅里，盖上锅盖，用中火煎制。一面煎黄后，打开锅盖，翻面，盖上锅盖继续煎另一面，双面都煎至金黄时即可出锅。

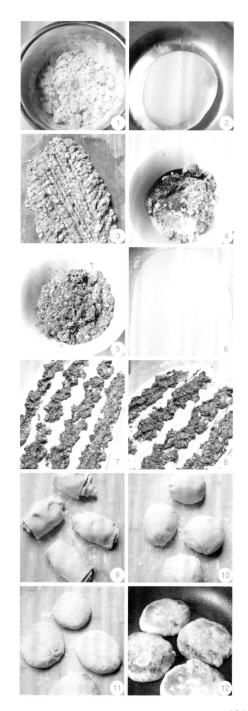

【营养风味】

✿亚麻籽的补脑功效闻名
遐迩，但它一定要经过研
磨才能达到最佳效果。如
果整粒食用的话，很容易
会未经消化就被排出体
外。所以，我用亚麻籽粉
和红糖搭配做馅料，做成
了这款发面小馅饼。咬一
口，外脆里软，香甜可口。
想要早餐吃的话，可以晚
上把面团揉好，用保鲜袋
密封好，收入冰箱冷藏室。
早上起来拿出面团，这时
的面团已经发好，做起来
就很方便了。

【诀窍重点】

1. 亚麻籽粉可以用芝麻
粉、熟花生碎或其他干果
碎替代。

2. 包入馅料后，收口一定
要捏紧，否则易露馅。

3. 烙饼的时候需要盖上锅
盖，这样一是熟得快，二
是水分不容易蒸发，饼的
口感好。

4. 饼坯放入锅中以后，饼
与饼之间要留有空隙，否
则受热以后，饼坯膨胀，
容易粘连或被挤扁。

亚麻籽红糖馅饼 | 补脑的早餐小饼

原料

面粉	300 克	水（含少许温水）	75 克
鸡蛋	1 个	熟亚麻籽粉	50 克
酵母	3 克	红糖	5 克

做法

1. 盆里倒入少许温水（35摄氏度以下），再加入酵母和鸡蛋。

2. 用筷子将盆中材料搅拌均匀，并静置3分钟。

3. 向盆内添加面粉。一边加水，一边用筷子搅成湿面絮。

4. 将湿面絮揉成光滑的面团，盖上保鲜膜，放至温暖处发酵。

5. 亚麻籽粉中添加红糖和少许面粉（配方分量外）。

6. 搅拌均匀，制成亚麻籽粉馅料。

7. 待面团发酵至原来的2倍大小时，取出，揉匀，排气。

8. 将面团分割成等大的面剂。

9. 面剂擀成圆皮状，放入适量的亚麻籽粉馅料，包成圆包子形状。

10. 收口向下并捏紧，摁平。全部包好以后，盖上湿布进行醒发。

11. 等到饼坯的面皮变得膨松就可以下锅了，锅底稍微抹一点儿油，把饼坯依次摆入平底锅内，用中小火煎制。

12. 煎制的时候盖上锅盖，底面煎黄以后翻面，待另一面也煎至金黄就可以出锅了。

❀这款面饼的制作很简单，很多家长第一次试做就成功了，并且孩子们都很喜欢吃。

【诀窍重点】

1. 面粉中也可以少量添加杂粮粉，做成杂粮版的泡泡饼。

2. 不同面粉的吸水性不同，所以水量要酌情增减，试着一点点地添加水，原则是炸饼的面团要比做馒头的面团软些，而且饼不要做得太厚，太厚了不易炸透。

3. 面饼下锅之前的醒发要充分，否则下锅后即便油温合适，面饼也不会迅速膨胀。醒发时间根据室温灵活掌握，只要发好的面饼比原来的膨松很多，放在手里有轻盈的感觉就可以了。

4. 锅里的油一定要充分烧热后再下饼坯，油温太低，饼坯下锅后不能迅速膨胀，会呈扁平状；油温太高，又容易将外表炸煳而内部不熟，以七八成热的油温为宜。

5. 面饼膨胀后，注意别把气泡捅破了，否则面饼内会进油，吃起来不清爽。

6. 面饼可以一次多炸点，凉透后装进密闭的保鲜袋内，第二次吃的时候，用蒸锅稍微一蒸，又软又香，是另一种风味。

7. 这款饼可以用南瓜泥或紫薯泥等代替水和面，营养会更丰富。

8. 炸好的面饼可以从旁边对半切开，夹入蔬菜或肉类一起食用。还可以在饼内加白糖或豆沙、莲蓉等馅料，然后下锅一起炸制。

黄金泡泡饼　最抢手的早餐，一做就成功

原料

面粉	500 克	酵母	5 克
鸡蛋	1 个	水(含少许温水)	210 克
白糖	20 克		

做法

1. 酵母用少许温水（35摄氏度以下）化开，静置2分钟。

2. 打入鸡蛋，加入白糖，搅拌均匀。

3. 添加面粉，一边加水一边用筷子搅成湿面絮。

4. 将湿面絮揉成光滑的、稍微软一点的面团，盖上保鲜膜放在温暖处发酵。

5. 待面团膨胀到原来的2倍大小左右时，取出揉匀，排气。

6. 将面团分割成等大的面剂。

7. 再次分别揉匀，擀成厚薄均匀的面饼，醒发至膨松、轻盈。

8. 起油锅，油烧至七八成热后，下入面饼，转中小火炸制。

9. 饼在高温油锅内迅速鼓起，待底面炸至金黄时翻面，炸至双面金黄时，取出，沥干油即可。

【营养风味】

✿面食具有健脾养胃的功效，特别是发面食品，更加有利于身体的消化吸收，所以可以多选择发面食品给孩子做主食。

【诀窍重点】

1. 发面饼不要做得太薄，否则容易口感不暄软；面饼整好形后，用手掌均匀压平比用擀面杖擀更容易起层；烙发面饼时，无须等锅烧热，火一打着，锅内抹层油，可以直接下饼坯，随着锅子的升温，面饼会随之均匀受热，膨松效果好。

2. 饼坯做好后，需要进行充分的二次醒发再下锅，这样烙出的发面饼口感才好。具体醒发时间随季节和室温情况灵活改变，室温高，醒发时间短，室温低，醒发时间相对长。

3. 烙发面饼最好选用厚实一点的平底锅（用饼铛也可），全程用中小火，效果最佳；火若是太急，饼皮容易煳，内部却还没熟透。

4. 在烙饼的过程中，要加盖锅盖，一是保温，便于内部熟透，二是保留锅内的蒸汽，让饼皮不硬。若是两面煎黄后，担心内部没熟透，最好的方法就是淋少量热水进锅，待水收干后再把饼皮煎脆即可，也可以将饼移送到烤箱内，再次烘烤一下。

5. 椒盐可以换成五香粉、孜然粉、辣椒粉，再加上盐。也可以选自己喜欢的辣酱来代替。

椒盐葱油饼　|　让孩子吃完还惦记的美味

原料

面粉	200 克	小葱	适量
酵母	2 克	椒盐	适量
水（含少许温水）	100 克	花生油	适量

做法

1. 酵母用少许温水（35 摄氏度以下）稀释，静置 3 分钟；添加面粉，一边加水，一边用筷子搅成湿面絮；将湿面絮揉成光滑的面团，盖上保鲜膜，放至温暖处发酵。待面团发酵至原来的 2 倍大小时，取出，揉匀，排气。然后将面团擀成椭圆形的薄面皮。

2. 面皮表面均匀地抹上一层花生油。

3. 撒上一层椒盐。

4. 撒上一层小葱切成的葱花。

5. 自面皮的长边开始，将面皮卷起来。

6. 然后将面皮盘起，捏紧收口，收口处要压在饼身下面。

7. 用手掌把面饼压平、压薄，然后盖上湿布，醒发 20 分钟左右。

8. 起油锅，锅内抹薄薄一层油，下入饼坯。

9. 盖上锅盖，中小火烙制。

10. 待底面烙至金黄，翻面，盖上锅盖，继续用中小火烙另一面。烙至双面金黄时取出。

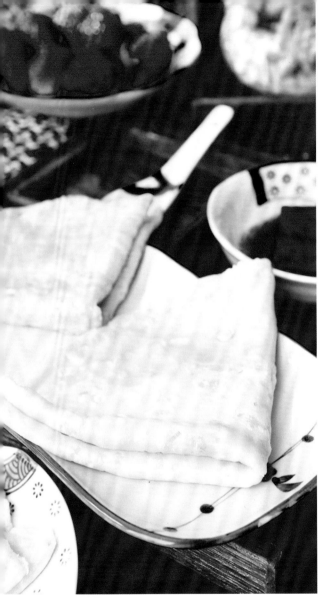

❀ 在忙碌的晨间时光里，这款鸡蛋薄饼恐怕是最简单易做的家常面食了。随手打两个鸡蛋，切点葱花，加点面粉，搅匀了，往热锅里舀上一勺面糊，小火烙熟，省时省力。大人孩子一人一个热乎乎、香喷喷的鸡蛋薄饼，再配上一碗粥或者一杯奶，也是一顿让人满足的早餐。

【诀窍重点】

1. 面粉加进蛋液里时，刚开始面糊中会有颗粒状面粉，静置一会儿再搅打即可。

2. 也可以用韭菜或者其他蔬菜碎代替葱花，但是蔬菜等辅料不能添加太多，否则面糊下锅后，转动锅身时，蔬菜碎容易积堆儿，面糊流动不起来。

3. 锅内添加的油无须多，油多的话，面糊不容易附着在锅体。

4. 饼身凸起以后无须久等，否则鸡蛋薄饼会失去软嫩的口感。

鸡蛋葱花薄饼 | 简单易做型早餐饼

原料

鸡蛋	2 个	小葱	1 棵
面粉	40 克	盐	适量
水	45 克		

做法

1. 鸡蛋打散，加水搅拌均匀。

2. 蛋液中加入面粉，搅打均匀。

3. 小葱切成葱花。

4. 将葱花加进搅好的面糊中，加少许盐，继续搅打均匀。

5. 锅烧热后转小火，倒入少许油，在锅底抹开。

6. 舀一勺面糊倒进锅中央。

7. 迅速提起锅并转动锅身，使面糊均匀分布在锅底。

8. 用小火煎，待饼身由白变黄，边缘翘起时，迅速翻面。

9. 翻面后仔细观察，待饼身上有微微向上凸起的泡泡时，马上将饼铲出。

【营养风味】

✿土豆鸡蛋饼好做又营养。不用发面，不用油炸，只需把土豆擦丝，再加上鸡蛋、面粉、盐和葱，直接在平底锅里烙一下即可。

【诀窍重点】

1. 饼压得越薄，熟得越快，煎得越脆，孩子吃起来当然也越香。

2. 烙饼时，面糊还没有完全凝固时不要急于翻饼身，否则不容易将饼身完整铲起。

3. 烙饼时，油不要一次性加入，视情况分次一点点沿锅边淋入，这样做出的土豆饼着色均匀，口感醇香。

土豆鸡蛋饼 | 全能营养早餐饼

原料

土豆·················4 个	小葱·················4 棵
面粉·················150 克	盐·················适量
鸡蛋·················2 个	

做法

1. 土豆洗净去皮，擦成丝。小葱切碎。

2. 土豆丝用水洗去淀粉，沥干水。

3. 添加适量盐拌匀。

4. 土豆丝稍稍变软后，打入鸡蛋，添加葱花。

5. 搅拌均匀。

6. 然后添加面粉，继续搅拌均匀。

7. 平底锅烧热，加入少量油，提锅转动，让锅底四周均匀附着一层薄油。

8. 油热后舀入一大勺和好的面糊。

9. 迅速用铲子的底部将土豆面糊均匀摊平、压薄。

10. 转成小火慢慢煎，待底部上色后翻面。继续摊平、压薄另一面，并且沿锅边淋入少许油。待双面都烙成金黄色时出锅，切片装盘即可。

✱烙好的西葫芦鸡蛋饼，金黄中透着翠绿，外皮酥脆，内里柔软。一大盘西葫芦饼，既当菜，又当饭，蘸上一点酱油蒜泥汁，再配上一碗粥。简简单单、平平常常，可是能让大人、孩子吃起来都舒坦满足。

【诀窍重点】

1. 西葫芦也可以不提前腌渍，不挤压水，直接拌鸡蛋和面粉。但那样的话，西葫芦渗出的水会让面糊很稀，操作起来不如这种简单。

2. 将饼翻面后，可以视情况沿锅边稍淋点油进去，这样烙出的饼会更香。

西葫芦鸡蛋饼 | 亦菜亦饭，外脆里嫩

原料

西葫芦	1 个	面粉	100 克
小葱	2 棵	盐	适量
鸡蛋	2 个		

做法

1. 西葫芦擦成丝。

2. 用盐拌匀西葫芦丝，腌渍5分钟。

3. 挤干西葫芦丝腌出的水，剁碎；小葱切成葱花备用。

4. 西葫芦丝、葱花和蛋液混合，添加面粉。

5. 搅拌均匀。

6. 起油锅，热锅刷层薄油。

7. 油热后下入面糊，迅速把面糊摊薄、摊均匀。

8. 小火慢煎，待面饼变色并出香味后翻面。

9. 继续煎至双面金黄，即可出锅。

银鱼鸡蛋饼

高钙、高蛋白的鲜香小饼

原料

新鲜银鱼⋯⋯⋯⋯500 克　　小葱⋯⋯⋯⋯⋯⋯2 棵
鸡蛋⋯⋯⋯⋯⋯⋯3 个　　盐⋯⋯⋯⋯⋯⋯⋯适量
面粉⋯⋯⋯⋯⋯⋯100 克

【营养风味】

✿ 银鱼是高钙、高蛋白、低脂肪的营养食材，可以用来汆豆腐、炒鸡蛋、蒸鸡蛋、摊鸡蛋饼，还可以用来包包子、包饺子。它肉质细嫩，口感软糯，味道鲜甜，几乎怎么做都能合孩子的胃口。每到新鲜银鱼上市的春天，这个小饼就是我家餐桌上的常客，大人孩子都爱吃。

【诀窍重点】

1. 新鲜的银鱼多数很干净，只需稍做清洗，挑拣一下即可。

2. 尽量把饼摊薄、摊匀，这样会很容易煎透、煎熟。

3. 油要比炒菜用得多一些，这样饼身上色快，而且味道会更鲜香。

做法

1. 新鲜的银鱼挑拣干净。加入鸡蛋，倒入面粉，添加适量盐。

2. 搅拌均匀后，添加切碎的小葱。

3. 继续搅拌均匀，制成面糊。

4. 平底锅烧热，加入少量油，舀入一大勺银鱼鸡蛋面糊。

5. 用勺子的底部将面糊摊匀、摊薄，转为小火慢慢煎。

6. 待银鱼颜色变白，饼身凝固时翻面，继续煎另一面，双面煎黄即可出锅。

5

Chapter

增强体质、
提升脑力的豆腐料理

豆腐富含优质蛋白和钙质，软糯易吸收。常吃豆腐，可促进骨骼发育，激发大脑活力。

【营养风味】

❋ 豆腐能补钙无须多言，如何让它变得更有滋味是家长们的必修功课。这道香拌嫩豆腐，有花生碎，有辣椒油，用香菜和葱花一同点缀，再加上些简单调味汁，香辣适口有滋味，还不失豆腐的原香。

【诀窍重点】

1. 用加了盐的热水焯豆腐，可以去除豆腥味，而且焯水后的豆腐不易碎。

2. 因为豆腐不适合搅拌，所以将调味料兑成汁后再浇淋更好，这样更入味。

3. 炒花生米要用小火慢炒，若是火大了，花生米容易外焦内生。

4. 炒熟的花生米一定要彻底晾凉后再擀成碎粒，这样才会酥脆，也更提香。

香拌嫩豆腐　　香辣适口的"补钙神器"

原料

嫩豆腐·············300克	盐·················5克	香油·················1勺
花生米·············50克	白糖·················2克	辣椒油·············适量
香菜·················1棵	生抽·················2勺	
小葱·················2棵	香醋·················1勺	

做法

1. 将嫩豆腐切成小方块。

2. 豆腐放入加了盐的热水中焯一下。

3. 捞出豆腐，沥干水。

4. 花生米倒入平底锅，小火干炒，待密集的噼啪声响过之后关火，放至凉透。

5. 炒好的花生米去皮，擀碎。

6. 香菜切段，小葱切葱花备用。

7. 用盐、白糖、生抽、香醋、香油和辣椒油兑成调味汁。

8. 将调味汁浇在豆腐上。

9. 撒上花生碎、香菜段和葱花，食用时拌匀即可。

海鲜小豆腐 | 鲜味十足的高钙菜

原料

卤水豆腐·········300 克	笔管鱼·········80 克	料酒·········适量
茼蒿·········50 克	葱白·········1 段	盐·········适量
鲜虾·········120 克	姜·········1 块	

【营养风味】

✿ 把豆腐碾成豆腐渣，和鲜虾、笔管鱼等小海鲜随意搭配爆炒，出锅前用绿叶蔬菜点缀，口味鲜香，绿色健康。海鲜的鲜和豆腐的香充分交融，雪白的汤汁中浸润着葱香、豆香和原汁原味的海鲜，吃上一口，豆腐滑嫩，海鲜弹牙，没有孩子不爱吃。

【诀窍重点】

1. 海鲜可以选择切碎的海参、鲍鱼、鲜虾、鱿鱼、蛤蜊、扇贝等一种或任意几种，可繁可简。

2. 茼蒿可以用荠菜、生菜、小葱等替代。

做法

1. 卤水豆腐用勺子或刀背碾碎备用。

2. 茼蒿洗净沥干水，切碎备用。

3. 鲜虾去头、去皮、去虾线，切丁备用。笔管鱼洗净，切段备用。葱白切小段、姜切丝。

4. 起油锅，爆香葱段、姜丝，小火煸到焦黄时，拣出葱段、姜丝扔掉。

5. 锅内下入豆腐碎、鲜虾和笔管鱼，大火翻炒，烹入料酒。

6. 炒至虾肉变红，笔管鱼变白，再下入茼蒿碎继续大火翻炒。待茼蒿变色后，加入盐调味，翻炒均匀即可出锅。

【营养风味】

❈ 众所周知，豆腐的营养价值极高，富含氨基酸和蛋白质。同时，豆腐的含钙量也很高，是绝佳的补钙食品。

❈ 想让孩子爱上吃豆腐，家长需要多花点心思。比如给软嫩清香的豆腐做个鲜美的浇汁、开胃的蘸汁，或者给豆腐煎上金黄的脆皮、酿上肉馅，或者搭配上牛肉、虾仁、海鱼、贝类等提鲜的食材。这些花样不仅能让营养和味道大幅提升，还能激发起孩子的食欲。

【诀窍重点】

1. 豆腐用加了盐的热水焯一下，一是可以去腥，二是不易碎。

2. 榨菜分两次添加，第一次是为了增鲜，第二次是为了保持榨菜特有的清脆口感。

3. 榨菜有咸度，请酌情掌握盐的用量。

4. 榨菜可以换成少许腌渍雪里蕻，猪肉末可以换成牛肉末，黑木耳可以换成香菇。

肉末榨菜烧豆腐 | 让孩子爱上豆腐菜

原料

卤水豆腐……… 300 克	黑木耳…………1 小把	生抽………………适量
猪肉……………100 克	洋葱……………半个	水淀粉……………适量
榨菜………………50 克	盐………………适量	小葱………………1 棵

做法

1. 黑木耳提前用冷水泡发（切勿隔夜），使用之前分成小朵，洗净，放入热水中焯烫一下。

2. 卤水豆腐切成麻将大小的方块，放入温水中，加一点盐，煮至微微浮起后捞出。

3. 小葱切葱花，猪肉切末，洋葱切碎。起油锅，炒香肉碎。

4. 加入洋葱碎炒香。

5. 添加豆腐块、黑木耳和一半的榨菜，添加热水，水量为食材一半，烧开。

6. 用盐和生抽调味。

7. 添加另一半榨菜。

8. 用水淀粉勾芡。

9. 起锅前撒上葱花即可。

【营养风味】

✤ 这道菜是我在传统葱油烧海参的基础上，添加了油煎豆腐制成的，它的营养和口味都很丰富。豆类是最好的"抗压"食物，而且富含补充脑力所需的营养成分，尤其适合脑力劳动强度大和精神压力大的学生。

【诀窍重点】

1. 对这道菜来说，葱油的炸制很关键，一定要用小火慢炸，待葱段的水分渐渐炸干，葱香味完全释放，葱段变至金黄时马上关火，千万不要炸煳了。

2. 芡汁下锅后不要马上搅动，稍等三四秒钟再将其搅匀，这样能做出明汁亮芡的效果。

3. 煎豆腐可以换成红烧肉。鸡汤可以用骨汤替代。炸葱油的时候可以添加姜、蒜或花椒等。海参可以换成大虾或者鲍鱼。

葱油海参烧豆腐 | 抗压补脑双功效

原料

水发海参	6个	蒜	5 瓣	白糖	适量
卤水豆腐	250克	红烧酱油	适量	白胡椒粉	适量
葱白	6 段	料酒	适量	水淀粉	适量
姜	1 块	盐	适量	鸡汤或清水	适量

做法

1. 葱白切小段，热锅冷油，放入葱段，用小火炸制，炸至葱香浓郁，葱段变得金黄。

2. 捞出葱段放入碗中，另取一碗，滤出大部分葱油备用。锅内留少许底油。

3. 卤水豆腐切成如图所示的长方形大块。

4. 豆腐放入锅中，利用锅内底油把豆腐块煎成双面金黄色，盛出备用。

5. 姜切丝，蒜切片。利用锅内底油，小火煸香姜丝、蒜片，然后烹入适量红烧酱油。

6. 添加少量鸡汤（清水也可）煮开。

7. 添加海参和炸好的葱段、煎好的豆腐块，煮开后转中小火煨制。

8. 烹入料酒，用盐、白糖和白胡椒粉调味。

9. 待水基本收干时，用少量水淀粉勾芡。

10. 出锅前淋上 2 勺炸好的葱油即可。

【营养风味】

✿豆腐清香有营养，但不是每个孩子都喜欢吃。把豆腐双面都用油煎至金黄，外焦里嫩，吃起来会有肉的感觉。煎过的豆腐直接吃就够香，若是再给它来个豪华版的吃法就更妙了：调制个有味道的汤汁，然后把煎好的豆腐用调好的汤汁小火煨一下，使其充分浸味儿，最后大火收汁，吃起来妙不可言。比如下文这道蒜苗茄汁烧豆腐，酸甜可口，诱发食欲，一定会打动孩子的味蕾。

【诀窍重点】

1. 若是不用番茄酱，调味的时候则需要加入适量的白糖。

2. 蒜苗可以用小葱替代，豆腐可以用鱼、猪肉或者虾替代，食材都要经过提前煎、炸等预处理，然后加上西红柿及番茄酱做成茄汁菜。

蒜苗茄汁烧豆腐 | 营养和美味兼顾

原料

熟透的西红柿⋯⋯⋯2个	蒜⋯⋯⋯⋯⋯⋯⋯2瓣
卤水豆腐⋯⋯⋯⋯400克	盐⋯⋯⋯⋯⋯⋯⋯适量
蒜苗⋯⋯⋯⋯⋯2~3棵	生抽⋯⋯⋯⋯⋯⋯适量
番茄酱⋯⋯⋯⋯⋯2勺	

做法

1. 西红柿去皮，切成块。

2. 卤水豆腐切大片。

3. 蒜苗切段，蒜切末备用。

4. 豆腐片下入热油锅中，用中火煎至双面金黄。

5. 取出豆腐片，并切成如图所示的小块。

6. 起油锅，爆香蒜末。

7. 下入切好的西红柿块，煸炒出红色汤汁。

8. 加入油煎豆腐块，再加入番茄酱。

9. 添加少许热水，用盐和生抽调味。小火煨片刻，使豆腐更入味。

10. 起锅前撒上蒜苗段即可。

【营养风味】

✿白菜、豆腐有营养，但素炒或清炖的话，小孩子总是嫌味道寡淡，提不起兴致。我们家喜欢隔三岔五地将卤水豆腐（或是冻豆腐）、猪血和大白菜炖在一起，还会添加些骨汤提味增香。这样细火慢炖出来的大锅菜，白菜软烂，咸甜适口；豆腐和猪血吸足了骨汤和白菜的精华，更是妙不可言。尤其在冬天，吃上一碗这热气腾腾、营养全、滋味浓的家常大锅炖菜，孩子的疲惫与寒冷顷刻间就会烟消云散。

【诀窍重点】

1. 猪血提前用凉水浸泡，可以去除腥味。

2. 豆腐提前用加了盐的热水焯一下，可以去除豆腥味，而且不易碎。

3. 白菜下锅以后，一定要用大火煸炒至软再下其他原料，这样做出的菜味道更好。

猪血豆腐炖白菜　冬天必吃的大炖菜

原料

猪棒骨	500 克	八角	1 个	盐	适量
白菜	半颗	大葱	1 根	生抽	适量
卤水豆腐	400 克	姜	1 块		
猪血	400 克	香菜	1 棵		

做法

1. 猪血切成麻将大小的方块，放在凉水中浸泡。

2. 卤水豆腐切成麻将大小的方块，在加了盐的热水中煮至微微浮起，然后捞出，沥干水备用。

3. 白菜叶手撕成片，白菜帮削成薄片。大葱的葱白切小段，葱叶切成葱花，姜一部分切片，一部分切丝，香菜切段备用。

4. 棒骨冲洗干净，剁成小块，入凉水锅，大火煮开后，继续滚煮5分钟左右，去除血水。

5. 捞出棒骨，用热水冲洗干净表面的浮沫和杂质。

6. 棒骨放入高压锅，加没过棒骨的热水，加姜片和一部分葱段，大火煮至上汽后，转小火继续压15分钟，自然排气后取出。

7. 起油锅，爆香姜丝、八角和剩下的葱段。

8. 锅中先放入菜帮，再下菜叶，大火翻炒。

9. 炒至白菜变软时，添加豆腐和猪血，大火烹制。

10. 添加适量棒骨和炖棒骨的原汤，继续用大火炖煮。

11. 用盐和生抽调味，转中火炖至白菜软烂。

12. 撒点葱花和香菜，翻炒均匀，即可出锅。

甜辣虾蓉豆腐饼 | 营养又开胃

原料

新鲜海虾·············400 克
卤水豆腐·············150 克
芹菜·················2 棵
蛋清·················1 个

泰式甜辣酱·············2 勺
小葱·················1 棵
姜···················1 块
料酒·················1 勺

盐···················适量
淀粉·················适量

【营养风味】

✿这道豆腐饼以海虾、豆腐和芹菜为主要原料，是我专为胃口欠佳的孩子设计的一道营养开胃菜。家里若是有挑食的娃，一定要试试这道菜！

【诀窍重点】

1. 豆腐的用量不要超过虾蓉，否则饼不易成型。

2. 不喜欢辣味的话可以用番茄酱代替泰式甜辣酱。

3. 不喜欢虾的话，可以用其他肉代替，芹菜可以用香菇、藕、胡萝卜等代替。

4. 也可以先做成一张大饼，然后切小块，这样更省事。

5. 还可以做成丸子，水煮或油炸都好吃。

做法

1. 海虾去头、去壳、去虾线。卤水豆腐用勺子或刀背碾碎备用。

2. 把虾肉剁成虾蓉，不必剁太细，有颗粒的口感更好。

3. 虾蓉里添加碾碎的豆腐。

4. 芹菜茎、芹菜叶和小葱分别剁碎，姜切末，切碎的芹菜茎、葱和姜末加入虾蓉中，然后加蛋清和淀粉，用料酒和盐调味，搅打成糊状。

5. 热锅冷油，将油烧热后，用勺子舀出豆腐糊，并平摊在锅里，迅速用勺子背按压，使其均匀摊开。

6. 用小火将其双面煎成金黄色。

7. 加入泰式甜辣酱，锅中喷少许热水。

8. 烧到酱汁浓郁，撒上切碎的芹菜叶即可出锅。

茼蒿炖豆腐 | **看似清淡，实则满口鲜香**

原料

文蛤·················· 250 克
卤水豆腐··········· 500 克
茼蒿················· 1 把
大葱················· 半根

姜··················· 1 块
盐··················· 适量
白胡椒粉············· 适量

132

【营养风味】

✱茼蒿和豆腐是绝配，一个鲜、一个嫩，一个绿、一个白，无论是滋味还是品相，都属黄金搭配。若再加上新鲜的文蛤，可谓锦上添花，鲜上加鲜。虽然这个菜只用盐调味，看起来清淡，但实则鲜美无比。

【诀窍重点】

1. 焯煮豆腐的作用是为了去除豆腥味，还可以让豆腐更加软嫩，而且不易碎。

2. 新鲜的文蛤下锅以后先不要动它，否则它不易开口。

3. 茼蒿下锅以后不要久煮，待其变色即可出锅。

4. 新鲜的贝类是最好的天然调味品，除了盐，这道菜无须添加任何其他调味料。

5. 文蛤可以用花蛤、扇贝、鲜虾代替，还可以点缀一些虾皮。茼蒿可以用菠菜、油菜、木耳菜等其他绿叶菜代替。

做法

1. 卤水豆腐切成麻将大小的方块。

2. 在热水中加少许盐，将豆腐放入其中煮至浮起，捞出过凉待用。

3. 大葱切片，姜切丝。起油锅，爆香葱片、姜丝。

4. 沥干的豆腐加入锅中，同时加入文蛤。

5. 添加没过食材的热水，大火煮开。

6. 待文蛤大部分开口，用盐和白胡椒粉调味。

7. 加入切成寸段的茼蒿。

8. 待茼蒿变色即可关火。

【营养风味】

✽ 牡蛎中锌的含量较高，同时它也是补钙和补铁的好食材。它还富含天然牛磺酸，有助于促进大脑发育。

✽ 牡蛎的味道十分鲜美，和豆腐搭配，只需用盐调味，出锅的时候点几滴香油，撒一些葱花或者香菜碎，就能成就一锅天然鲜香、爽口滋补的好汤！

【诀窍重点】

1. 牡蛎肉也可以在流水下冲洗，这样清洗得更干净，但鲜味会部分流失。

2. 豆腐提前用热水焯一下，能够去除豆腥味，而且焯过水的豆腐口感更嫩滑。

3. 牡蛎肉下锅后不能久煮，煮开即可关火，这样口感才会鲜嫩。

牡蛎豆腐汤 ┃ 钙、铁、锌同补就喝它

原料

卤水豆腐	500 克	香菜	1 棵
新鲜牡蛎肉	300 克	盐	适量
姜	1 块	白胡椒粉	适量
小葱	1 棵	香油	适量

做法

1. 将牡蛎肉浸泡在清水中抓洗，去除杂质。

2. 捞出牡蛎肉，将泡牡蛎的水放置到一旁，沉淀备用。

3. 将卤水豆腐切成麻将大小的方块。

4. 豆腐块在加了盐的热水中焯一下，待豆腐块微微浮起即可捞出。

5. 姜切丝，香菜切段，小葱切成葱花备用。

6. 砂锅烧开水，把焯好的豆腐块放入砂锅中煮开。

7. 砂锅中加入牡蛎肉，还可以倒入沉淀后的泡牡蛎的水，再次烧开。

8. 烧开的过程中，用勺子撇去表面浮沫。

9. 烧开后关火，依据个人口味，用盐和白胡椒粉调味。

10. 最后滴几滴香油，撒上葱花、香菜即可上桌。

【营养风味】

✱鱼头和鱼骨既可以烧炖，也可以煲汤，营养很丰富。下文这道菜，就是用鱼头和鱼骨，搭配豆腐和黑木耳做成的鱼汤。用新鲜的鱼头和鱼骨，熬出一锅汤色奶白、滋味纯正的鱼汤，那种鲜美是用纯鱼肉怎样烹饪都难以匹敌的。

【诀窍重点】

1. 炖鱼汤可以用黑鱼，也可以选用其他鲜活的海鱼或者淡水鱼。

2. 姜、料酒和白胡椒粉，都是炖煮鱼汤过程中去腥、提味、增香的好帮手。

3. 想让鱼汤奶白，就要在鱼汤煮沸腾之后，继续用大火滚煮，保持沸腾状态，鱼汤用不了多久就会变白。滚煮的过程中，不停用勺子撇净鱼汤表面的浮沫，可以有效去腥，而且成菜漂亮。

黑鱼豆腐木耳汤　汤色奶白，味道鲜美

原料

黑鱼鱼骨和鱼头…500克	蒜……………………4 瓣	盐……………………适量
卤水豆腐…………300克	小葱…………………1 棵	白糖…………………适量
水发好的黑木耳……1 把	料酒…………………适量	
姜……………………1 块	白胡椒粉……………适量	

做法

1. 将新鲜的黑鱼片成鱼片后，把鱼骨剁成小段，鱼头剁成两块备用。

2. 卤水豆腐切成麻将大小的方块，提前用热水焯一下，这可以很好地去除豆腥，而且口感嫩，不易碎。

3. 鱼骨和鱼头提前用热水焯一下，这样能够更好地去腥，然后沥干水备用。

4. 姜、蒜切片，小葱切葱花备用。起油锅，爆香姜片、蒜片。

5. 然后下入鱼骨和鱼头，开大火煎制。

6. 沿锅边烹入料酒。

7. 添加适量的热水，用大火煮开，再转中火继续炖煮10分钟。

8. 添加豆腐块继续滚煮5分钟，用盐、白胡椒粉和一点点白糖调味。

9. 锅里添加水发好的黑木耳，再次煮开。

10. 撒上葱花即可出锅。

【营养风味】

❋ 新鲜的鱼类和豆腐搭配，补脑、补钙、益智，再跟西红柿搭配，就能熬出一锅浓艳鲜美的鱼汤。浓浓的汤汁，鲜美的味道，瞬间激发食欲，特别适合给孩子食用。

【诀窍重点】

1. 要选择熟透了的西红柿，这样的西红柿汁水多，颜色正，味道足。

2. 西红柿在爆香了的油锅中要多炒一会，红色汁水才会充足，味道才会浓郁纯正。

3. 豆腐提前用热盐水浸泡，可以有效去除豆腥味。

4. 黑鱼表面的黏液较多，下锅之前用热水焯一下，可以有效去除泥腥味。也可以另起油锅，先把黑鱼双面给煎一下，再入汤锅。

5. 调味时，白糖和白胡椒粉必不可少，白糖可以提鲜，并且可以中和西红柿的酸味，白胡椒粉可以有效去腥、增香、提味。

西红柿黑鱼豆腐汤 | 补脑益智，激发食欲

原料

鲜黑鱼	1 条	姜	1 块	盐	适量
西红柿	2 个	蒜	5 瓣	白糖	适量
卤水豆腐	400 克	香菜	1 棵	白胡椒粉	适量
小葱	1 棵	料酒	适量		

做法

1. 黑鱼去鳞、去鳍、去鳃、去内脏，洗净并沥干水，切成薄片。再用料酒、盐和白胡椒粉把鱼片腌渍 15 分钟。

2. 卤水豆腐切成麻将大小的方块，在添加了盐的热水中浸泡。西红柿切块备用。

3. 小葱、香菜、姜、蒜切碎。起油锅，爆香蒜末和姜末。

4. 下入西红柿块大火煸炒，并用铲子把西红柿块尽可能地铲碎。

5. 添加热水煮开。

6. 另起一锅，把腌好的鱼片先用热水焯一下。

7. 捞出鱼片，放入西红柿汤汁中，并同时下入豆腐块，大火煮开。

8. 继续滚煮 5 分钟，添加料酒、盐、白糖、白胡椒粉调味。

9. 出锅前撒上葱花和香菜碎即可。

【营养风味】

✿这道菜添加了炒过的腌渍雪里蕻，又因为一点点猪油的点缀和滋润，滋味变得更加鲜美醇厚，堪称绝妙的味蕾体验，孩子吃了一定会大大夸奖妈妈的手艺。

【诀窍重点】

1．用来炖汤的鱼头一定要足够新鲜。鱼头先煎一下再用热水炖，不腥，而且汤更鲜。

2．雪里蕻要提前经过炒制，待水分挥发之后，出来香味了再入锅。

3．豆腐提前焯水，可以去除豆腥，还不容易碎。

4．添加一点点肥肉或猪油，汤的味道会更加鲜美香醇。

5．水要一次加足，小火慢炖，中途若是加水，一定要加热水；不要急于添加调味品，出锅前 5 分钟调味即可。

6．雪里蕻可以换成酸菜。鱼头可以用整鱼替代，海鲈鱼、鲫鱼、黄花鱼、黑鱼等都可以用来做这道菜。

雪里蕻豆腐鱼头煲　绝妙的味蕾体验

原料

鲢鱼头	1 个	小葱	1 棵	白糖	适量
腌渍雪里蕻	150 克	姜	1 块	白胡椒粉	适量
卤水豆腐	400 克	料酒	适量		
五花肉丁	50 克	盐	适量		

做法

1. 将腌渍雪里蕻反复冲洗干净，切碎，用冷水浸泡，换水两次，至咸味大部分去除，攥干水备用。小葱切葱花，姜切片备用。

2. 卤水豆腐切成麻将大小的方块，放入加了盐的热水中，煮至微微浮起，然后捞出，沥干水备用。

3. 将鲢鱼头处理干净，从中间劈开，并用厨房纸巾把表面的水擦干。

4. 热锅下冷油，待油烧热后，下入鱼头，将鱼头双面煎至微黄变色。

5. 锅内烹入料酒，添加姜片以及没过食材的热水，用大火煮开。

6. 另起油锅，用小火把五花肉丁煸炒至油脂尽出。

7. 下入雪里蕻碎，大火煸炒至出香味。

8. 炒好的雪里蕻碎、五花肉丁和豆腐块一起，倒入烧滚的鱼头汤中煮沸。

9. 将鱼头汤倒入砂锅中，小火慢炖 20 分钟。

10. 起锅前 5 分钟，用盐、白糖和白胡椒粉调味。起锅时，撒上葱花即可。

6

Chapter

一口吃进全营养的
"一锅出"

主食、肉蛋、蔬菜汇聚一锅，孩子吃的每一口都是全营养食物。

【营养风味】

✱夏季天气炎热，孩子容易没胃口，这时特别适合做这道拌面。切面加上鸡丝、胡萝卜丝、黄瓜丝，再浇上亲手调制的花生酱汁，不仅开胃，营养也十分丰富，吃起来味道好极了，碳水化合物、蛋白质、维生素都在这一餐里补足了。

【诀窍重点】

1.鸡胸肉不必煮太长时间，若是煮老了，肉丝口感太柴。

2.稀释花生酱时，水要分多次添加，这样效果才好。

3.过冷水的面条要彻底沥干水，否则影响成品的味道。

4.黄瓜和胡萝卜可以用自己喜欢的其他蔬菜代替，比如白萝卜、洋葱、豌豆等。

黄瓜鸡丝拌面

夏日里最开胃的一碗面

原料

鸡胸肉	200克	大葱	半根	生抽	2勺
黄瓜	300克	姜	1块	香油	适量
胡萝卜	200克	蒜	5瓣	辣椒油	适量
鲜切面	350克	盐	适量		
花生酱	4勺	白糖	适量		

做法

1. 大葱切段，姜切片，鸡胸肉洗净。锅里加葱段、姜片和没过肉的水，煮开，转中火继续滚煮5分钟关火，焖2分钟后取出。

2. 将蒜拍扁、剁碎，加少许盐，放入凉开水中浸泡。

3. 黄瓜和胡萝卜切细丝备用。

4. 晾凉的鸡肉撕成细丝。

5. 取花生酱，分多次添加凉开水，把花生酱稀释开，然后添加蒜泥和蒜泥水，以及盐、白糖、生抽、香油和辣椒油，搅拌成酱料。

6. 鲜切面下入沸水中，煮开后，放入少许凉水继续滚煮，直到再次煮开。

7. 再次放入少许凉水煮开，然后加入胡萝卜丝煮开。

8. 迅速捞出面和胡萝卜丝一起过凉开水，并沥干水。

9. 取适量面条和胡萝卜丝，放入碗中。

10. 加入适量黄瓜丝和鸡丝，调入适量酱料，拌匀即可。

145

【营养风味】

✿孩子的晚餐要以清淡、有营养、易消化为基本原则，以免给孩子的肠胃带来负担，引起身体不适。这道蘑菇油菜面，包含了肉、蛋、菜、蘑菇和主食，营养全面，味道鲜美。主食、菜、汤"三合一"，热热乎乎，有汤有水，吃着适口、暖胃。

【诀窍重点】

1. 榆黄菇可以用其他蘑菇替代。

2. 手擀面可以用挂面、方便面、馄饨、面片或者面疙瘩代替。

3. 蔬菜可以任选自己喜欢的品种。

4. 用稍微带点肥肉的猪肉煸炒出香味，比用纯瘦肉做成的汤面更鲜香。

爆锅蘑菇油菜面 | 主食、菜、汤"三合一"

原料

榆黄菇⋯⋯⋯⋯150克	手擀面⋯⋯⋯⋯500克	白糖⋯⋯⋯⋯⋯适量
猪肉⋯⋯⋯⋯⋯80克	姜⋯⋯⋯⋯⋯⋯1块	红烧酱油⋯⋯⋯⋯适量
鸡蛋⋯⋯⋯⋯⋯1个	洋葱⋯⋯⋯⋯⋯半个	
油菜⋯⋯⋯⋯⋯1把	盐⋯⋯⋯⋯⋯⋯适量	

做法

1. 油菜茎、叶分开，分别切段；榆黄菇撕成小朵，放入热水中焯至变色，捞出过凉，挤干水。

2. 姜切末，洋葱切碎，鸡蛋打散备用。猪肉切片，下入油锅煸炒出香味。

3. 下入姜末和洋葱碎炒香。

4. 下入油菜茎和榆黄菇煸炒。

5. 烹入一点红烧酱油，炒香。

6. 加入充足的热水煮开。

7. 手擀面抖开，下入沸水中，用中火煮开。

8. 用盐和一点点白糖调味，再淋入搅匀的鸡蛋液，鸡蛋液要马上用勺子推匀。

9. 放入油菜叶子，搅匀烧开，即可出锅。

葱油海米清汤面 | 营养丰富，清清爽爽

原料

银丝挂面	200 克	姜	1 块
海米	20 克	小葱	1 棵
鸡蛋	2 个	盐	适量
小个红葱头	6 个	白胡椒粉	适量

【营养风味】

✿一碗清汤面,孩子吃得清爽,妈妈做得轻松。将葱、姜煸出香味,再抓一小把海米扔进锅里,热水冲进锅中,葱、姜和海米的混合鲜香,顿时弥漫在空气中。出锅时,若是喜欢葱花、香菜就撒点,没有也可。清清亮亮的汤,清清爽爽的面,清新鲜美,大人孩子都吃得过瘾!

【诀窍重点】

1. 没有红葱头,用洋葱、香葱也可以。

2. 把葱、姜煸炒至微黄卷曲状,香味才能充分释放。

3. 海米在油锅里煸炒一下,鲜香味道更浓郁。

4. 如果不喜欢吃荷包蛋,可以淋入蛋液。

5. 整蛋打入锅中以后,不要马上去搅动,否则会散,等鸡蛋凝固成型后,再用勺子推动。

6. 不同的面条,煮制时间不同,要根据实际情况决定煮制时间,以面条无硬芯为准。

7. 也可以直接把面条下入卤汁锅里煮。

做法

1. 姜切丝,红葱头切片,小葱切碎备用。

2. 起油锅,待油热后,下入姜丝、红葱头片和海米,小火煸炒。

3. 添加热水,煮开。

4. 打入 2 个整蛋,用盐和少许白胡椒粉调味。

5. 起锅前撒入葱花。

6. 做汤卤的同时,可以另起一锅煮面,待水沸腾后,下入银丝拉面,用中火煮开后,点入凉水,继续煮滚。

7. 可以随时尝尝,当面条煮至无硬芯时,马上捞出,过凉,沥干,盛入碗中。

8. 浇上刚出锅的汤卤即可。

西红柿疙瘩汤 | 暖胃，暖身，暖心

原料

面粉	200克	蒜	4瓣
西红柿	2个	香菜	1棵
鸡蛋	2个	盐	适量
小葱	1棵		

【营养风味】

❀疙瘩汤其实就是用面粉加水，搅拌成一个个小面疙瘩，然后在汤中煮熟而成。一碗疙瘩汤，红的、绿的、黄的、白的，鲜亮亮、热腾腾，喝上一碗，舒舒服服、熨熨帖帖，暖胃、暖身、暖心。

【诀窍重点】

1. 西红柿尽量选择熟透的、外形饱满的，这样的西红柿汁水丰盈，做出的汤汁味道浓郁。

2. 面粉中加水时，要一点点地加，保证搅出的湿面疙瘩细碎不粘连。如果面疙瘩搅得太大块了，可以提前在案板上切碎再下锅。

3. 西红柿一定要先炒出足够的红汁再加水，这样汤汁味道才浓郁。

4. 面疙瘩下锅后要马上搅动，否则易粘连、结块。

5. 鸡蛋液下锅后，要立刻从底部向上搅动，这样浮起的蛋花才会轻盈漂亮。

做法

1. 西红柿切块，鸡蛋打散、搅拌均匀，小葱、蒜和香菜切碎备用。

2. 往面粉中一点点地添加水，同时用筷子搅拌，并沿碗边搓面粉，直至面粉全部被搓成一个个细碎的湿面疙瘩。

3. 起油锅，爆香蒜末。

4. 下入 $\frac{2}{3}$ 的西红柿块。

5. 大火翻炒至西红柿块软烂。

6. 添加适量的热水，大火烧开。

7. 用筷子将湿面疙瘩分次拨入沸水内，并马上用勺子在锅底搅匀，拨散，避免粘连。

8. 煮开后，添加适量盐调味，并添加另外 $\frac{1}{3}$ 的西红柿块煮。倒入鸡蛋液，立刻从底部向上搅动；待蛋液浮起，撒上葱花和香菜碎，关火出锅。

茼蒿海米疙瘩汤 ｜ 补钙版疙瘩汤

原料

茼蒿·················1 把
海米················20 克
面粉···············100 克
鸡蛋···············2 个

小葱················2 棵
姜·················1 块
盐················适量

【营养风味】

✿蔬菜疙瘩汤在家庭餐桌上很常见，给孩子做的话，也可以做成有肉有海鲜的疙瘩汤。下文用的是茼蒿配海米，做了一锅亦汤亦菜亦主食的疙瘩汤，鲜香可口，还能给孩子补钙。因为面食很容易消化，所以这种荤素搭配的疙瘩汤特别适合给孩子当晚餐。

【诀窍重点】

1. 海米提前用油爆一下，鲜香味会更浓。

2. 做面疙瘩时，水要一点点地往碗里倒，一边倒水一边不停地搅拌，而且一定要用凉水，这样面疙瘩才会做得又小又细，入锅即熟。如果有不小心做大了的面疙瘩，入锅之前可以先用刀切碎。

3. 面疙瘩要分次拨入锅中，不能一下子倒入锅里，而且下锅后要马上搅动，以免粘连。

4. 面疙瘩可以换成面条、面豆儿、面片、馄饨等。海米可以换成蛤蜊、干贝或者虾仁等。不喜海鲜的话，可以用少许五花肉爆锅。茼蒿也可以换成菠菜、油菜、生菜等绿叶菜。

做法

1. 往面粉里一点点地添加水，一边添加，一边用筷子沿碗边搅拌，直至把干面粉全部搅成细碎的小面疙瘩。

2. 茼蒿洗净、沥干、切段，将梗和叶各分成一堆。小葱和姜切碎备用，鸡蛋打散。

3. 起油锅，爆香海米。

4. 加入姜末和一部分葱花煸香。

5. 下入茼蒿梗煸炒。

6. 锅中倒入热水烧开，用筷子把湿面疙瘩分次拨入锅中，一边拨一边搅拌。

7. 开锅后用小火滚煮一会，煮至面疙瘩无硬芯，再淋入搅好的鸡蛋液。

8. 最后添加茼蒿叶和剩余的葱花，用盐调味，至茼蒿叶变软即可关火。

【营养风味】

✿豆角焖面的滋味，还是在夏日里最地道。因为夏天的豆角是露天生长的，营养足、味道好。炎炎夏日，肉、菜、面一锅做好，不仅营养丰富，而且省时、省事。

【诀窍重点】

1. 面条一定要选鲜切面，而且要硬一点，太软的面条不适宜做焖面。

2. 用三分肥、七分瘦的肉，焖出来的菜和面会更香。

3. 芸豆一定要煸炒充分，炒至变色后，再添加热水，否则味道不足。

4. 面条入锅时要抖开、松散、均匀地平铺在芸豆上面，不能直接放入一整团。

5. 之所以先把大部分汤汁舀出来，之后再添加，一是为了不让面条在汤里面煮烂，二是为了让面条充分入味。

6. 舀出来的汤汁要分次浇在面条上，添加汤汁之后可以用筷子上下翻动面条，让味道均匀分布，但动作要轻柔，注意不要把面条搅烂。

7. 面条入锅以后，一定要用小火，面条是通过锅内的蒸汽焖熟而不是煮熟的。

8. 五花肉可以换成肋排，还可以添加茄子和辣椒。

豆角焖面 | 夏日里味道最正的一碗面

原料

芸豆	400克	姜	1块	老抽	适量
五花肉	250克	蒜	5瓣	盐	适量
鲜切面条	500克	干红辣椒	4个	生抽	适量
大葱	半根	料酒	适量	香油	适量

做法

1. 芸豆洗净、去筋。五花肉切片，大葱、姜、蒜切末。

2. 起油锅，煸香五花肉。待肥肉出油后，下入葱、姜末和干红辣椒爆香。

3. 下入芸豆，大火煸炒至变色，烹入料酒、老抽和盐，翻炒均匀。

4. 添加没过食材的热水，大火煮开，之后转中火慢炖。

5. 炖至芸豆六成熟时，舀出大部分汤汁备用。

6. 把鲜切面条均匀地平铺在芸豆上面，盖上锅盖，中火焖2分钟左右。

7. 浇上之前盛出的汤汁的一半，盖上锅盖，转小火焖5分钟。

8. 打开锅盖，用筷子把面上下翻动一下。

9. 浇上另一半汤汁，继续用小火焖。

10. 待汤汁基本收尽，芸豆和面条都熟透了，再加一点生抽和香油，搅拌均匀，撒上蒜末，拌匀后即可食用。

✿ 这道面的西红柿卤可以不用一滴水，而只用熟透的西红柿。西红柿本来汁水就多，再加上热锅翻炒，最终全部化成了汁水，配上炒好的鸡蛋翻炒均匀，只用盐、白糖和白胡椒粉简单调味即可，做好的汤卤红艳艳的，酸甜爽口，果香浓郁，比加水的西红柿卤好吃多了。

【诀窍重点】

1. 要选择熟透的西红柿，味道纯正。过程中不加一滴水，熬煮出天然的西红柿汁水，这样的汤汁味道浓郁。

2. 蒜末下锅以后，不要马上添加西红柿，要充分煸炒出蒜香以后再下主料，这样成品的蒜香味才会浓郁。

3. 鸡蛋在锅里炒制时，只要定型即可铲出，不要炒老了，因为后期下锅之后还要继续加热。

西红柿鸡蛋面 | 不加一滴水的西红柿卤

原料

手擀面	300克	香菜	1 棵
西红柿	500克	盐	适量
鸡蛋	3 个	白糖	适量
蒜	4 瓣	白胡椒粉	适量

做法

1. 熟透的西红柿用热水烫一下，就可以轻易地剥去外皮。

2. 将西红柿切成块状。

3. 鸡蛋液搅打均匀，倒入热油锅中炒至成型，然后马上盛出备用。

4. 蒜、香菜切碎。利用锅内底油，爆香蒜末。

5. 待蒜香浓郁时，下入西红柿块，大火煸炒。

6. 一边炒，一边用铲子把西红柿块随意铲碎，直至熬成一锅西红柿浓汁。

7. 添加炒好的鸡蛋，把鸡蛋也铲碎，然后用盐、白糖和白胡椒粉调味。起锅前根据自己
   的口味撒香菜碎，不喜欢也可以省略这一步。

8. 做卤的同时，另起一个锅煮面。待水烧沸腾后下入手擀面，煮开后加入少许凉水，
   再次煮开后捞出，过凉开水，沥干水。

9. 把做好的没加一滴水的西红柿鸡蛋卤盖在面条上，拌匀即可。

玉米炒饭

营养全、味道好的早餐范例

原料

剩米饭	1 碗	芹菜	2 根
水果玉米	半穗	蒜	2 瓣
儿童小香肠	4 根	盐	适量
鸡蛋	1 个	白糖	适量

【营养风味】

✿用新鲜的水果玉米做炒饭，非常值得一试。水果玉米很容易熟，所以只需把新鲜的玉米粒放入热锅里煸炒一会儿就可以，省时省力，味道却远胜于冰鲜玉米或者熟玉米。米饭中再添加上香肠、鸡蛋和蔬菜丁，营养全、味道好，很适合做早餐。

【诀窍重点】

1. 炒米饭用隔夜的剩米饭效果更好，并且干一点的米饭比湿米饭的口感更好。

2. 米饭里倒入蛋液后，要迅速翻炒，以免蛋液堆积成大块。

3. 因为香肠有咸味，所以要酌情添加盐。

4. 水果玉米很容易熟透，可以直接炒。若是用普通玉米，需要提前煮熟，取用熟玉米粒来炒饭。

做法

1. 新鲜的水果玉米齐根切下玉米粒，芹菜和儿童小香肠切成小丁，蒜切成碎末。

2. 将鸡蛋液搅打均匀。

3. 起油锅，油烧热时下入蒜末，小火炒出蒜香。

4. 下入水果玉米粒和香肠丁，翻炒一分钟。

5. 下入剩米饭，用锅铲迅速把米饭滑散，然后不停翻炒。

6. 2分钟后下入芹菜丁，翻炒均匀。

7. 淋入搅好的鸡蛋液，迅速翻炒均匀，待蛋液凝固、均匀包裹在米粒上即可关火。

8. 起锅前用盐和一点点白糖调味即可。

【营养风味】

✿ 家庭用餐中，经常会有剩米饭。剩米饭可以用来熬粥，还可以用来做烩饭。不过往往孩子最喜欢的，是用剩米饭来做炒饭。

✿ 做炒饭可以选用的食材很多，肉、蛋、火腿、培根、海鲜以及各种蔬菜都可以。一盘炒饭，食材丰富，营养全面。

【诀窍重点】

1. 用来做炒饭的米饭要略微硬些，一定不要用黏糊糊的米饭，那样既不好操作，成品口感也不好。

2. 炒饭可荤可素，可以做成原味的、酱油味的、咖喱味的、海鲜味的。蔬菜可以选择自己喜欢的任意品种。荤的食材，除了鸡蛋、虾仁，还可以选择火腿、培根、猪肉、鸡肉、牛肉、羊肉、鱼肉、扇贝、鱿鱼等，鱼罐头、午餐肉也是不错的选择。

虾仁时蔬蛋炒饭 | 剩饭巧变抢手货

原料

剩米饭·············1 碗	西葫芦·············100克	料酒·············适量
鸡蛋·············1 个	姜·············2 片	生抽·············适量
虾仁·············100克	洋葱·············少许	盐·············适量
胡萝卜·············100克	小葱·············1 棵	

做法

1. 姜片切丝，洋葱、小葱切碎。虾仁去虾线，并切成小段。

2. 处理好的虾仁用姜丝、料酒和生抽腌渍15分钟。

3. 胡萝卜和西葫芦切碎备用。

4. 将鸡蛋液搅匀，倒入热油锅，翻炒成形后马上关火，再用锅铲将其铲碎，盛出备用。

5. 利用锅内底油把腌好的虾仁炒至变色，盛出备用。

6. 起油锅，爆香洋葱碎。

7. 下入胡萝卜碎，煸炒至软。

8. 下入西葫芦碎，翻炒片刻。

9. 下入剩米饭，翻炒均匀。

10. 下入炒好的鸡蛋和虾仁，继续翻炒均匀。

11. 用盐和少许生抽调味。

12. 起锅前撒上葱花即可。

【营养风味】

✿腊肠美味，但较为油腻。那么，怎样吃腊肠更好？腊肠煲仔饭是一个不错的选择。随着锅内温度的升高，腊肠中的油脂和香气会充分释放、渗透，米饭吸取了腊肠的精华后，变得浓郁咸香，温润可口，再加上些蔬菜搭配，滋味悠长，定能博得孩子的喜欢。

【诀窍重点】

1. 大米一定要提前浸泡，这样熟得快，米饭不会夹生。

2. 米饭煮开后，马上转小火，这样可以避免溢锅和煳锅。

3. 喜欢锅巴的，可以适当延长焖煮米饭的时间。

4. 搭配的蔬菜还可以选择芥蓝、小青菜、荷兰豆等，随自己喜好而定。

5. 可以用煲仔饭专用酱油做调味汁，也可以用蒸鱼豉油、白糖和香油等调料自制调味汁。

6. 因为腊肠本身有咸味，所以要注意控制自制调味汁的咸度。

7. 关火后不要马上打开盖子，这样才能把腊肠的香味焖入饭中。

8. 做煲仔饭最关键的就是掌握好火候，避免夹生和煳锅，人不要离开灶台，要勤观察。

腊肠煲仔饭　|　最适合孩子的腊味做法

原料

大米	250 克	姜	1 块	白糖	适量
腊肠	4 根	花生油	适量	香油	适量
西蓝花	300 克	蒸鱼豉油	2 勺		
鸡蛋	1 个	盐	适量		

做法

1. 大米洗好之后，提前在水中浸泡1小时。

2. 取一个砂锅，在锅底薄薄地抹上一层油。

3. 把浸泡好的大米放入锅中，添加水，米和水的比例为1：1.5。

4. 将砂锅移至火上，盖上锅盖，大火煮开后立即转小火焖煮。

5. 西蓝花洗净，掰成小朵，用淡盐水浸泡10分钟。

6. 腊肠切薄片，姜切丝备用。

7. 等锅内的水差不多都被米吸收，米表面呈现蜂窝状的时候，用筷子搅拌一下，并用勺子沿锅边加入一些花生油，这样做可以避免煳底，也能让形成的锅巴金黄脆香。

8. 在米饭表面铺上腊肠和姜丝，再打1个鸡蛋进去。

9. 盖上锅盖，用小火继续煮5分钟后关火。关火后不要掀开锅盖，继续盖着盖子焖15分钟。

10. 另起一锅烧水，放少许盐，滴几滴油，水开后放入西蓝花焯烫片刻，捞出沥干水。

11. 蒸鱼豉油加一点点白糖和香油拌匀，调成调味汁。

12. 待饭煮熟后，打开盖子，放上焯烫过的西蓝花，将调味汁淋在煲仔饭上即可。

彩椒火腿炒馒头 │ 剩馒头的"华丽转身"

原料

冷馒头……………1 个		鸡蛋………………2 个
彩椒………………1 个		盐…………………适量
火腿………………120 克		椒盐（或黑胡椒碎）…适量

【营养风味】

✿给冷馒头裹上鸡蛋液，煎成金黄喷香的松软小馒头，再配上火腿和彩椒，加点调味料炒一炒，成品颜色艳丽，口味丰富，一看就能激发食欲。给剩馒头换了身"衣裳"，它一下子就"华丽转身"了。

【诀窍重点】

1. 炒馒头、煎馒头都要选择冷馒头，馒头热的时候不容易切片或切块。

2. 盐、白糖等调味料可以直接放在鸡蛋液中，也可以最后一步添加在炒好的原味馒头上。

3. 不喜欢鸡蛋液包裹馒头的，可以单独把鸡蛋炒好盛出，然后再用油煎馒头，最后把煎好的馒头、蔬菜和火腿一起炒匀。

4. 馒头可以用吐司替代，火腿丁可以用卤牛肉丁、培根、熟虾仁等替代，彩椒可以用西蓝花、西葫芦、青笋等替代。换种方式也可以：馒头切片蘸蛋液正反面煎制，比切块的更省事。煎好的馒头片可以夹生菜、火腿、奶酪、西红柿、洋葱等，做成中式汉堡。

做法

1. 馒头、彩椒和火腿分别切成大小均匀的丁备用。

2. 鸡蛋打散，鸡蛋液加盐搅匀，然后把馒头丁放入蛋液中搅拌，让每块馒头都蘸满蛋液。

3. 在平底锅中倒入一层薄油，烧热后下入蘸满蛋液的馒头丁，中小火煎至四面金黄后取出。

4. 利用锅内底油，下入火腿丁和彩椒丁，中小火煎至火腿丁出香，彩椒丁断生。

5. 倒入馒头丁混合炒匀。

6. 撒入椒盐（或者黑胡椒碎）翻炒均匀，即可出锅。

【营养风味】

✽ 羊肉和白萝卜可谓绝
配，两者搭配制成馅料，
能减轻羊肉的膻味，而且
由于白萝卜水分充足，无
须加水搅馅，煮好的饺子
就能水润多汁。羊肉温热
补气，萝卜性凉润燥，这
两样在一起吃，寒热平衡，
能达到很好的食疗功效。

【诀窍重点】

1. 馅料里的肉可以全部用
羊肉，但若加入小部分猪
肉，膻味会减轻，饺子的
味道更好。

2. 肉馅中适当添加肥肉，
做出的饺子口感润泽香醇。

3. 肉馅中添加了白萝卜，
就无须再放水进去了。

4. 搅拌馅料时，要最后添
加葱和香菜碎，而且不要
用大力搅拌，动作要轻柔，
这样才能保持最佳的口感
和味道，不喜欢香菜的可
以省略不用。

羊肉白萝卜水饺 | 最完美的馅料搭配

原料

面粉·············· 500 克	姜··············· 1 块	花生油··············· 适量
水·············· 250 克	小葱·············· 1 棵	盐··············· 适量
羊肉、猪肉(比例2:1)500 克	香菜·············· 1 棵	料酒··············· 1 勺
白萝卜·············· 1 个	白胡椒粉·············· 适量	生抽··············· 2 勺

做法

1. 面粉分次添加水，一边添加，一边用筷子搅成湿面絮。

2. 将湿面絮揉成光滑的面团，盖上湿布醒半个小时。

3. 羊肉和猪肉先切成小丁，然后剁成肉馅。

4. 姜先擦成丝，然后和肉馅混合在一起剁细。

5. 白萝卜洗净，用工具擦成丝。把白萝卜丝直接剁进肉馅里。

6. 一直把馅料剁到自己满意的细腻程度为止。

7. 将剁好的肉馅移入盆中，添加白胡椒粉、花生油、盐、料酒和生抽，搅拌均匀。

8. 香菜和小葱分别用刀细细地切碎，不要乱刀剁，否则味道就变了。

9. 在和好的肉馅中添加香菜碎和小葱碎，轻轻地搅拌均匀。

10. 取出醒好的面团，揉匀，分割成等大的面剂，擀成四周薄、中间厚的饺子皮。

11. 饺子皮中包入馅料，一定要将边缘捏紧。

12. 水烧开后，下入饺子，盖上盖子煮，煮开后放入些许凉水，继续盖上盖子煮，如此重复，一共放三次凉水。最后一次煮开后，直接关火，把饺子捞入盘中。

【营养风味】

✽ 用新鲜的蛤蜊肉和焯烫过的萝卜苗搭配做饺子馅，味道鲜美，营养全面，非常值得一试。

【诀窍重点】

1. 蛤蜊的品种可以根据自己的喜好选择，但必须选择鲜活的，才能保证馅料的鲜美。

2. 用蛤蜊肉做馅料，必须保证无泥沙，蛤蜊剥壳取肉后，用原汤清洗是最好的方法。

3. 新鲜的贝类是最好的天然提鲜法宝，无须再添加过多调味品。

4. 可以用韭菜代替萝卜苗，味道也很不错。

萝卜苗蛤蜊水饺 | 做一次海鲜馅的饺子

原料

蛤蜊	700 克	水	250 克	盐	适量
萝卜苗	1000 克	大葱	1 根	酱油	适量
五花肉	500 克	姜	1 块	香油	适量
面粉	500 克	花生油	适量		

做法

1. 面粉中一点点地加入水，边加边搅拌，然后揉成光滑的面团，盖上湿布醒半个小时。

2. 五花肉先切成小丁，然后粗略地剁一下。

3. 将择洗干净的萝卜苗放入开水锅中，焯烫至变色后，捞出过凉开水。

4. 将萝卜苗挤干水，然后用刀细细地切碎。

5. 蛤蜊洗净，凉水下锅煮开，然后剥壳取肉。把蛤蜊肉放在原汤中旋转清洗，清洗干净后，沥干水备用。

6. 大葱、姜切碎，把切好的萝卜苗、肉丁、葱碎、姜碎和蛤蜊肉混合。

7. 添加花生油、盐、酱油、香油调味，轻轻搅拌均匀。

8. 取出醒好的面团，揉匀，分割成等大的面剂，擀成四周薄、中间厚的饺子皮。

9. 放入馅料，包成饺子形状，边缘一定要捏紧。

10. 饺子开水下锅，盖上盖子煮，煮开后放入些许凉水，继续盖上盖子煮，如此重复，"三点三开"，之后捞出装盘。

【营养风味】

❃ 做肉馅饺子，如果馅料吃起来干巴巴的，那再好的食材和再丰富的调料也徒劳。怎样才能调制出"一咬一包汤"的馅料？最讲究的方法是在肉馅中掺入肉冻，不过这种方法一般家庭很少用到，因为肉冻并不是家中常备品；第二种方法是在剁肉馅或搅拌肉馅时，分次加入水；第三种方法是在肉馅中添加白菜帮、洋葱、西红柿或芹菜等水分含量大的蔬菜，一起做成馅料。这道牛肉白菜水饺用的就是第三种方法。白菜和牛肉的味道很相衬，下嘴吃肉之前，先吸一口汤汁，鲜香回甜。

【诀窍重点】

1. 馅料里的肉可以全部用牛肉，但若加入小部分猪肉，馅料的腥膻味会减轻，饺子的味道更好。

2. 肉馅中适当添加肥肉，做出的饺子口感润泽香醇。

3. 添加了水分充足的白菜帮，肉馅中就无须加水了。

4. 香菜和葱要细细地切碎，不要乱刀剁，否则味道就变了。

5. 搅拌馅料时，要最后添加葱和香菜碎，而且不要用大力搅拌，动作要轻，这样才能保持最佳的味道和口感，不喜欢香菜的可以省略不用。

6. 可以用洋葱、西红柿或者芹菜代替白菜。

牛肉白菜水饺　"一咬一包汤"的饺子馅

原料

牛肉、猪肉(比例2:1)…500 克	大葱…………………1 根	盐…………………适量
白菜帮……………4 片	姜…………………1 块	酱油………………2 勺
面粉………………500 克	香菜………………2 棵	料酒………………1 勺
水…………………250 克	花生油……………适量	白胡椒粉…………适量

做法

1. 面粉中分次添加水，一边添加，一边用筷子搅成湿面絮，然后将湿面絮揉成光滑的面团，盖上湿布醒半小时。

2. 牛肉和猪肉先切成小丁，然后用刀剁细。

3. 直接把白菜帮剁进肉馅里。

4. 姜先切细碎，然后和肉馅一起剁细，剁到自己喜欢的细腻程度为止。

5. 把剁好的肉馅移入盆中，添加花生油、盐、酱油、料酒和白胡椒粉。按顺时针方向搅打均匀，然后搅打上劲。

6. 香菜和大葱分别细细地切碎，添加进调好的肉馅中。

7. 轻轻搅拌均匀。

8. 将醒好的面团取出、揉匀，分割成等大的面剂，然后撒上干粉，搓圆。

9. 把面剂先按扁，再擀成中间厚、四周薄的饺子皮。

10. 包入馅料，捏成饺子形状。

11. 全部包好以后，就可以下锅煮了。

12. 水烧开后，下入饺子，用勺子在锅里沿一个方向推动，免得饺子粘锅底，之后盖上锅盖大火煮饺子，煮沸后，马上倒入半碗凉水，继续盖上锅盖煮，煮开后，继续放入凉水。第三次放入凉水后，煮开，迅速关火，捞出饺子装入盘中即可。

图书在版编目（CIP）数据

补脑长高吃什么 : 孩子的营养食谱 / 灯芯绒著 . —北京 : 北京科学技术出版社 , 2021.9

ISBN 978-7-5714-1708-6

Ⅰ . ①补… Ⅱ . ①灯… Ⅲ . ①儿童－脑－保健－食谱②儿童－生长发育－保健－食谱 Ⅳ . ① TS972.162

中国版本图书馆 CIP 数据核字 (2021) 第 143515 号

策划编辑: 张晓燕
责任编辑: 白　林
图文制作: 赵玉敬
责任印刷: 张　良
出 版 人: 曾庆宇
出版发行: 北京科学技术出版社
社　　址: 北京西直门南大街 16 号
邮政编码: 100035
电话传真: 0086-10-66135495（总编室）
　　　　　 0086-10-66113227（发行部）
网　　址: www.bkydw.cn
印　　刷: 北京宝隆世纪印刷有限公司
开　　本: 880 mm × 1230 mm　1/32
印　　张: 5.5
版　　次: 2021 年 9 月第 1 版
印　　次: 2021 年 9 月第 1 次印刷
ISBN 978-7-5714-1708-6

定　　价: 49.80 元

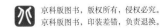